高职化工类
模块化系列教材

石油炼制装置操作

李萍萍 主编
张颖 张盼盼 副主编

化学工业出版社
·北京·

内容简介

本教材结合企业岗位工作过程，围绕职业能力要求重构知识点与技能点，使学生在了解石油及炼油厂基本知识的基础上，重点培养常减压蒸馏、催化裂化、加氢裂化、催化重整、延迟焦化等典型炼油装置操作应具备的知识、能力、素质。

本教材可作为高职院校化工类专业以及相关专业石油炼制装置操作教学教材，也可供石油化工企业操作人员和技术人员培训及参考使用。

图书在版编目（CIP）数据

石油炼制装置操作/李萍萍主编.—北京：化学工业出版社，2021.10（2025.4重印）

ISBN 978-7-122-40371-1

Ⅰ.①石… Ⅱ.①李… Ⅲ.①石油炼制-石油化工设备-高等职业教育-教材 Ⅳ.①TE65

中国版本图书馆CIP数据核字（2021）第240474号

责任编辑：提　岩　张双进　　　　文字编辑：曹　敏　向　东

责任校对：王鹏飞　　　　装帧设计：王晓宇

出版发行：化学工业出版社（北京市东城区青年湖南街13号　邮政编码100011）

印　　装：北京科印技术咨询服务有限公司数码印刷分部

787mm×1092mm　1/16　印张9½　字数224千字　2025年4月北京第1版第2次印刷

购书咨询：010-64518888　　　　售后服务：010-64518899

网　　址：http://www.cip.com.cn

凡购买本书，如有缺损质量问题，本社销售中心负责调换。

定　　价：30.00元

版权所有　违者必究

高职化工类模块化系列教材

编审委员会名单

顾　　　问： 于红军

主任委员： 孙士铸

副主任委员： 刘德志　辛　晓　陈雪松

委　　　员： 李萍萍　李雪梅　王　强　王　红

韩　宗　刘志刚　李　浩　李玉娟

张新锋

序

目前，我国高等职业教育已进入高质量发展的时期，《国家职业教育改革实施方案》明确提出了“三教”（教师、教材、教法）改革的任务。三者之间，教师是根本，教材是基础，教法是途径。东营职业学院石油化工技术专业群在实施“双高计划”建设过程中，结合“三教”改革进行了一系列思考与实践，具体包括以下几方面：

1. 进行模块化课程体系改造

坚持立德树人，基于国家专业教学标准和职业标准，围绕提升教学质量和师资综合能力，以学生综合职业能力提升、职业岗位胜任力培养为前提，持续提高学生可持续发展和全面发展能力。将德国化工工艺员职业标准进行本土化落地，根据职业岗位工作过程的特征和要求整合课程要素，专业群公共课程与专业课程相融合，系统设计课程内容和编排知识点与技能点的组合方式，形成职业通识教育课程、职业岗位基础课程、职业岗位课程、职业技能等级证书（1＋X 证书）课程、职业素质与拓展课程、职业岗位实习课程等融理论教学与实践教学于一体的模块化课程体系。

2. 开发模块化系列教材

结合企业岗位工作过程，在教材内容上突出应用性与实践性，围绕职业能力要求重构知识点与技能点，关注技术发展带来的学习内容和学习方式的变化；结合国家职业教育专业教学资源库建设，不断完善教材形态，对经典的纸质教材进行数字化教学资源配套，形成“纸质教材＋数字化资源”的新形态一体化教材体系；开展以在线开放课程为代表的数字课程建设，不断满足“互联网＋职业教育”的新需求。

3. 实施理实一体化教学

组建结构化课程教学师资团队，把“学以致用”作为课堂教学的起点，以理实一体化实训场所为主，广泛采用案例教学、现场教学、项目教学、讨论式教学等行动导向教学法。教师通过知识传授和技能培养，在真实或仿真的环境中进行教学，引导学生将有用的知识和技能通过反复学习、模仿、练习、实践，实现“做中学、学中做、边做边学、边学边做”，使学生将最新、最能满足企业需要的知识、能力和素养吸收、固化成为自己的学习所得，内化于心、外化于行。

本次高职化工类模块化系列教材的开发，由职教专家、企业一线技术人员、专业教师联合组建系列教材编委会，进而确定每本教材的编写工作组，实施主编负责制，结合化工行业企业工作岗位的职责与操作规范要求，重新梳理知识点与技能点，把职业岗位工作过程与教学内容相结合，进行模块化设计，将课程内容按能力、知识和素质，编排为合理的课程模块。

本套系列教材的编写特点在于以学生职业能力发展为主线，系统规划了不同阶段化工类专业培养对学生的知识与技能、过程与方法、情感态度与价值观等方面的要求，体现了专业教学内容与岗位资格相适应、教学要求与学习兴趣培养相结合，基于实训教学条件建设将理论教学与实践操作真正融合。教材体现了学思结合、知行合一、因材施教，授课教师在完成基本教学要求的情况下，也可结合实际情况增加授课内容的深度和广度。

本套系列教材的内容，适合高职学生的认知特点和个性发展，可满足高职化工类专业学生不同学段的教学需要。

高职化工类模块化系列教材编委会

2021 年 1 月

前言

《石油炼制装置操作》从最新高等职业教育化工技术类专业人才培养目标出发，以培养学生的职业岗位能力为重点，突出职业性、实践性、开放性的原则，结合生产企业实际设置内容，利用虚拟仿真软件进行操作训练，具有很强的应用性与实践性。

教材结合企业岗位工作过程，围绕职业能力要求重构知识点与技能点，使学生在了解石油及炼油厂基本知识的基础上，重点培养常减压蒸馏、催化裂化、加氢裂化、催化重整、延迟焦化等典型炼油装置操作应具备的知识、能力、素质。关注技术发展带来的学习内容与方式的变化，将典型炼油装置的运行、操作、控制、典型案例等引入课堂，让“虚拟生产”进入课堂。以理实一体化实训场所为主，广泛采用案例教学、项目教学、讨论式教学等行动导向教学法，引导学生将有用的信息和技能通过反复模仿、练习、实践，实现“做中学、学中做、边做边学、边学边做”，从而将最新的、最能满足石油炼制操作岗位需要的知识、能力和素养吸收、固化成为自己的学习所得，内化于心、外化于行。

本教材由东营职业学院李萍萍主编，张颖、张盼盼副主编。其中，模块一、模块二由东营职业学院李萍萍、刘霞编写，模块三、模块四由东营职业学院张颖、李建强编写，模块五、模块六由东营职业学院张盼盼、刘鹏鹏编写。在编写过程中得到了秦皇岛博赫科技开发有限公司、化学工业出版社、富海集团及合作院校的大力支持，在此表示衷心的感谢！本书在编写过程中参考了大量的文献资料，在此特向文献资料的作者一并表示感谢！

由于编者水平和实践经验所限，教材中不足之处在所难免，敬请广大读者批评指正！

编者

2021 年 6 月

目录

模块一

石油及炼油厂认知

石油是人们经常提到的物质，那么石油到底是什么？人们习惯上将直接从油井中开采出来进行加工的石油称为原油。原油经炼制加工后得到各种燃料油、润滑蜡、沥青、石油焦等石油产品。了解石油及其产品的化学组成和物理性质，对于原油加工、产品使用以及石油的综合利用等有重要意义。

任务一 石油和产品认知

1. 认知石油的一般性状、元素组成、烃类组成、馏分组成和非烃类组成。
2. 了解石油及其产品的一般物理性质。
3. 能够描述我国原油分布及其主要特点。

石油炼制工业是国民经济最重要的支柱产业之一，是提供能源，尤其是交通运输燃料和有机化工原料的最重要工业。石油炼制过程的原料是什么？经过什么样的过程才能加工成燃料和化工原料？

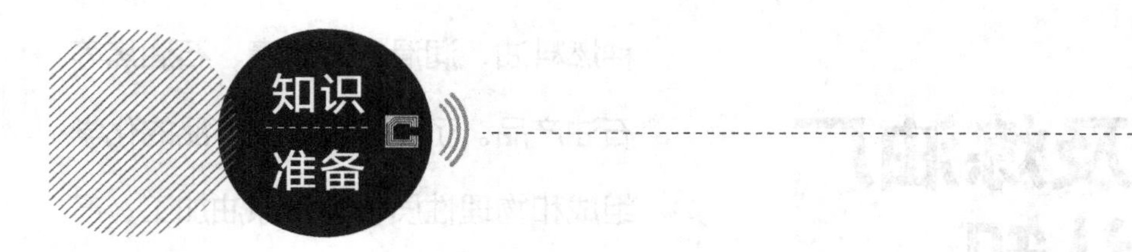

一、石油的一般性状

石油又称原油，是从地下深处开采的黑褐色或暗绿色黏稠液态或半固态的可燃物质。石油是碳氢化合物（烃类）的复杂混合物，其外观性质主要表现在石油的颜色、密度、流动性、气味上。表 1-1 列出了各类原油的主要外观性质。

表 1-1　各类原油的主要外观性质

性状	影响因素	常规原油	特殊原油	我国原油
颜色	胶质和沥青质含量越多，石油的颜色越深	大部分石油是黑色，也有暗绿或暗褐色	显赤褐、浅黄色，甚至无色	四川盆地：黄绿色 玉门：黑褐色 大庆：黑色
相对密度	胶质、沥青质含量多，石油的相对密度就大	一般在 0.80～0.98 之间	个别高达 1.02 或低到 0.71	一般在 0.85～0.95 之间，属于偏重的常规原油
流动性	常温下石油中含蜡量少，其流动性好	一般是流动或半流动状的黏稠液体	个别是固体或半固体	蜡含量和凝固点偏高，流动性差
气味	含硫量高，臭味较浓	有程度不同的臭味		含硫相对较少，气味偏淡

二、石油的元素组成

世界上各种原油的性质虽然差别甚远，但基本上由五种元素构成，即碳、氢、硫、氧、氮。原油中，碳和氢占 96%～99%（质量分数），硫、氧、氮和其他微量元素含量都很少，仅 1%～4%。例如，胜利油田某油井原油的元素组成（质量分数）为碳 84.24%、氢 11.74%、氧 1.52%、氮 0.47%、硫 2.03%。

三、石油的烃类组成

石油中所含元素碳、氢、硫、氧、氮和其他微量元素等并不是以游离态存在的，绝大多数是以有机化合物形式存在的。石油中所含有机化合物可分为两大类：一类是由碳和氢组成的烃类，它们是石油的主要成分；另一类是含氧、硫、氮的非烃类化合物。

石油中的烃类组成主要有烷烃、环烷烃、芳香烃三大类，个别石油中含有少量烯烃。烃类化合物包括低级烃至含数十个碳原子的高级烃。

四、石油中的非烃类化合物

石油中的非烃类化合物主要指含硫、氮、氧的化合物。这些元素的含量虽然仅为 1%～4%，但非烃类化合物的含量都相当高，可高达 20%以上。非烃类化合物在石油馏分中的分布是不均匀的，大部分集中在重质馏分和残渣油中。非烃类化合物的存在对石油加工和石油产品使用性能影响很大，石油加工中绝大多数精制过程都是为了除去这些非烃类化合物。如果处理得当，综合利用，可变害为利，生产一些重要的化工产品。例如，从石油气中脱硫的同时，又可以回收硫黄。

五、石油的馏分组成

石油是一个多组分的复杂混合物，每个组分有其各自不同的沸点。蒸馏（或分馏）就是根据各组分沸点的不同，用蒸馏的方法把石油“分割”成几个部分，每一部分称为馏分。从原油直接分馏得到的馏分称为直馏馏分，其产品称为直馏产品。

通常把沸点小于 200℃的馏分称汽油馏分或低沸馏分，200～350℃的馏分称煤、柴油馏分或中间馏分，350～500℃的馏分称减压馏分，大于 500℃的馏分称减渣馏分。

石油馏分不是石油产品，石油产品必须满足油品规格的要求。通常馏分油要经过进一步加工才能变成石油产品。此外，同一沸点范围的馏分也可以因目的不同而加工成不同产品。

例如，喷气燃料（即航空煤油）的馏分范围是150～280℃，灯用煤油是200～300℃，轻柴油是200～350℃。减压馏分油既可以加工成润滑油产品，也可以作为裂化的原料。

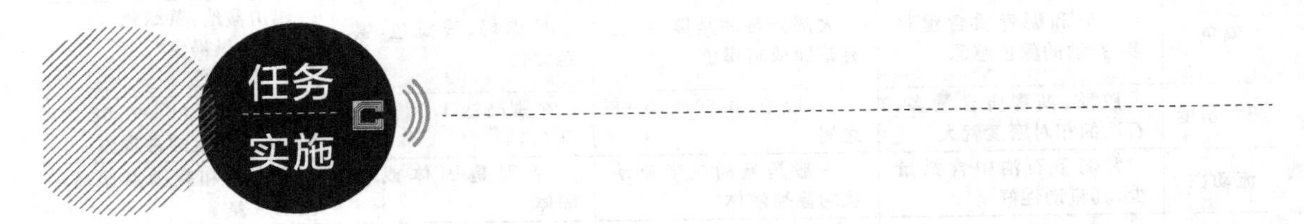

石油在国民经济中的地位和作用十分重要，有人誉它为“黑色的金子”“工业的血液”等；要进行建设，石油是不可缺少的，天上飞的、地下跑的，没有石油都转不动；石油是现代文明的神经动脉，没有石油，维持这个文明的一切交通工具便告瘫痪；我国石油工业本身就是国家综合国力的重要组成部分。

活动1：查阅我国石油开采及进口现状，完成表1-2。

表1-2 我国主要油田基本情况表

序号	油田名称	地理位置	剩余可开采储量	去年油气当量
1				
2				
3				
4				
5				
6				

世界石油资源主要分布在中东、拉丁美洲、北美洲、西欧、非洲、东南亚、俄罗斯和中国。现在，产油的国家和地区已有150多个，发现的油气田已有四万多个。中东的沙特阿拉伯、伊朗、科威特、伊拉克和阿拉伯联合酋长国是世界最大的石油产地和输出地区。我国已在25个省和自治区中找到了400多个油气田或油气藏。

活动2：查阅资料，完成表1-3。

表1-3 我国几种原油的主要物理性质

原油名称	大庆	胜利	孤岛	辽河	华北	中原
密度(20℃)/(g/cm^3)						
运动黏度(50℃)/(mm^2/s)						
凝点/℃						
蜡含量(质量分数)/%						
庚烷沥青质(质量分数)/%						
残炭(质量分数)/%						
灰分(质量分数)/%						
硫含量(质量分数)/%						

续表

原油名称	大庆	胜利	孤岛	辽河	华北	中原
氮含量(质量分数)/%						
镍含量/(μg/g)						
钒含量/(μg/g)						

活动3：想一想，写出我们身边的石油产品，完成表1-4。

表1-4 身边的石油产品

序号	领域	石油产品
1	衣	
2	食	
3	住	
4	行	

石油产品种类繁多，大约有数百种，且用途各异。为了与国际标准相一致，我国参照ISO（国际标准化组织）发表的国际标准ISO 8681，制定了GB/T 498—2014《石油产品及润滑剂　分类方法和类别的确定》，将石油产品和有关产品分为燃料，溶剂和化工原料，润滑剂、工业润滑油和有关产品，蜡，沥青五大类，总分类列于表1-5中。

表1-5 石油产品和有关产品的总分类

类别	类别的含义	类别	类别的含义
F S L	燃料 溶剂和化工原料 润滑剂、工业润滑油和有关产品	W B	蜡 沥青

1. 燃料

燃料占石油产品总量的90%左右，它是主要能源之一，其中以汽、柴油等发动机燃料为主。GB/T 12692.1—2010《石油产品　燃料（F类）分类　第1部分：总则》将燃料分为以下四组，见表1-6。

表1-6 燃料的分组

识别字母	燃料类型
G	气体燃料：主要由甲烷或乙烷或由它们组成的混合气体燃料
L	液化气燃料：主要由C_3、C_4烷烃或烯烃组成
D	馏分燃料：汽油、煤油、柴油，重馏分油可含少量残油
R	残渣燃料：主要由蒸馏残油组成的石油燃料

新制定的产品标准把每种产品分为优级品、一级品和合格品三个质量等级，每个等级根据使用条件不同，还可以分为不同牌号。

2. 溶剂和化工原料

约有10%的石油产品是用作石油化工原料和溶剂，其中包括制取乙烯的原料（轻油）以及石油芳烃和各种溶剂油。

3. 润滑剂、工业润滑油和有关产品

包括润滑油和润滑脂等，主要用于降低机件之间的摩擦和防止磨损，以减少能耗和延长机械寿命。其产量不多，仅占石油产品总量的2%～5%，但品种和牌号却是最多的一大类产品。

4. 蜡

蜡属于石油中的固态烃类，是轻工、化工和食品等工业部门的原料，其产量约占石油产品总量的1%。

5. 沥青

沥青用于道路、建筑及防水等方面，其产品约占石油产品总量的3%。

课后巩固

1. 石油中的主要化合物是烃类，天然石油中主要含烷烃、________和环烷烃，一般不含________。

2. 石油产品和有关产品分为________，溶剂和化工原料，________、工业润滑油和有关产品，蜡，沥青五大类。

3. 石油中的元素组成有哪些？它们在石油中的含量如何？

4. 请归纳一下我国主要原油的外观特性。

5. 石油中有哪些非烃类化合物？它们在石油中分布情况如何？它们的存在对石油加工有何危害？

任务二 炼油厂认知

1. 认知炼油厂石油加工装置。
2. 能够描述石油加工方案。

石油是工业和生活中的重要原料，你身边使用的很多生活用品都是石油生产出来的。石油是如何变成生活用品和化工产品的？中间需要经过什么环节？

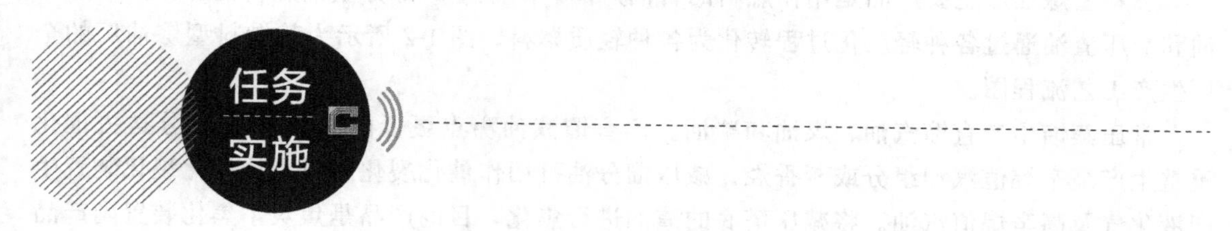

原油，这个散发着黑光的黏稠物质，作为人类工业化的象征，是如此的特殊与重要。可以毫不夸张地说，没有原油，就没有伟大的现代文明。原油的产业链无比巨大与绵长，从原油开采往下延伸，经过炼油、原油化工，当今几乎每个人都被原油衍生的产品包围着。

活动 1：查阅资料，了解石油利用过程，完成表 1-7。

表 1-7　石油利用过程表

步骤	环节	作用
第一步		
第二步		
第三步		
第四步		

石油、天然气作为现阶段最为重要的能源组成部分，从开采至销售经过多个环节。从图 1-1 可以看出石油、天然气从开采到销售的各个环节。

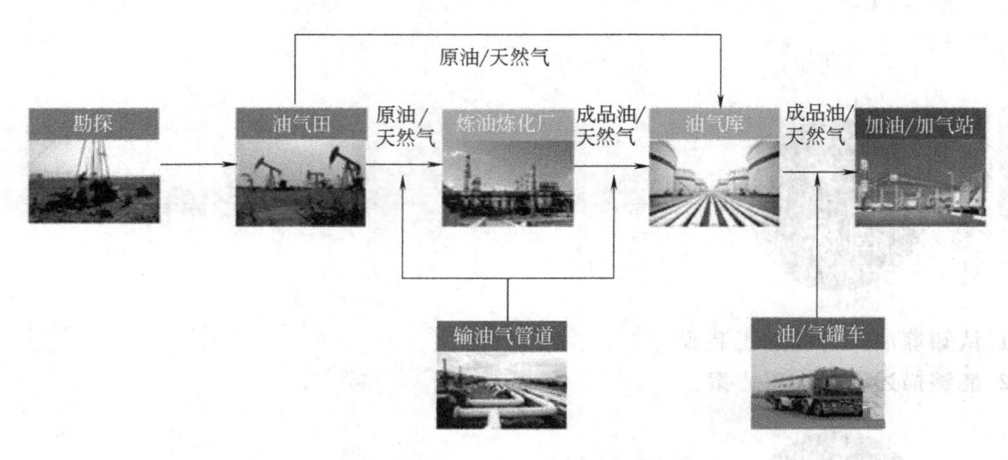

图 1-1　石油、天然气的开采利用

活动 2：叙述石油的加工过程。

炼油厂生产过程是指将原油加工成各种产品的过程，一个炼油厂的构成和生产程序用工艺流程图来表示。根据炼油厂主要目的产品的不同，可将炼油厂分为燃料型、燃料-化工型、燃料-润滑油型。

燃料型炼油厂主要产品是用作燃料的石油产品。除了生产部分重油燃料油外，减压馏分油和减压渣油通过各种轻质化过程转化为各种轻质燃料。图 1-2 所示为某燃料型炼油厂的全厂生产工艺流程图。

常压蒸馏生产直馏汽油、煤油和柴油。比直馏汽油沸点更低的 60～90℃馏分送去催化重整生产高辛烷值汽油组分或芳香烃。减压馏分油可用作催化裂化原料，从催化裂化装置生产液化气及高辛烷值汽油。将减压塔底的渣油进行焦化，目的产品是焦炭，焦化装置副产品馏分油可根据原油性质不同用作催化原料或进行加氢精制亦可直接混入燃料油中。

这种流程的特点是加工深度较深，技术水平较高，产品质量也较好。

活动 3：查找石油加工装置信息，完成表 1-8。

表 1-8　石油加工装置信息表

序号	装置名称	原料	产品	装置作用
1	常减压蒸馏			

续表

序号	装置名称	原料	产品	装置作用
2	催化裂化			
3	加氢裂化			
4	催化重整			
5	延迟焦化			

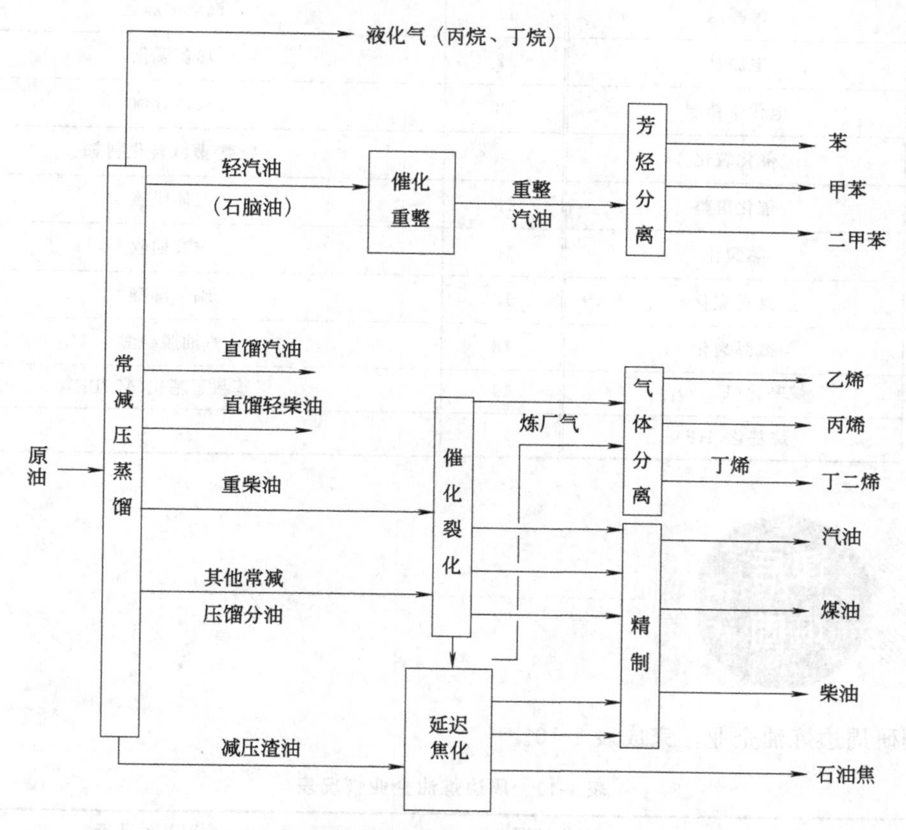

图 1-2　某燃料型炼油厂的全厂生产工艺流程

炼油装置是将原油及中间产品、半成品加工为产品的工艺装置的统称，炼油厂根据加工原油种类的不同、目的产品的不同，确定不同的加工方案，根据加工方案对各种不同的装置进行组合，实现产品加工的目的。

根据原油种类不同，以及产品方案的不同，不同炼油厂的装置种类及数量是不同的。但一般来说，大多数炼油厂都具有常见的炼油加工装置，并且各个炼油装置的主要工艺过程及产品都是类似的。大体来说，炼油厂的加工装置大概可分为一次加工装置、二次加工装置及产品精制装置。

一次加工过程：一次加工过程单指原油通过常减压装置分离出一次产品的加工过程，原油经分馏后，分离出石脑油、柴油、蜡油、渣油等馏分。一次加工装置的产品除柴油及石脑油有时可直接作为产品出厂外，其他如蜡油、渣油都需要转化为轻质油品才能获得较好的效益。

将重质馏分油转化为轻质油的装置为二次加工装置，主要有加氢裂化装置、催化裂化装置以及延迟焦化装置等。

炼油厂的大多数气体、汽油及柴油产品均需要精制才能符合出厂要求，一般炼油厂均有不同的产品精制装置。我国19类燃料油系统装置名称见表1-9。

表1-9 我国19类燃料油系统装置名称

序号	装置名称	序号	装置名称
1	常减压	11	汽柴油加氢
2	电脱盐	12	加氢裂化
3	电化学精制	13	气体分馏
4	催化裂化	14	烃类-蒸汽转化制氢
5	催化重整	15	气体脱硫
6	热裂化	16	硫黄回收
7	延迟焦化	17	临氢降凝
8	减黏裂化	18	汽油脱硫醇
9	烷基化(H_2SO_4)	19	甲基叔丁基化(MTBE)
10	烷基化(HF)		

1. 调研周边炼油企业，完成表1-10。

表1-10 周边炼油企业情况表

序号	企业名称	基本情况	主要炼油装置
1			
2			
3			

2. 查找并绘制一个炼油企业的平面布置图。
3. 扫描二维码，认识石油“大家庭”的变更，叙述变更过程。

拓展阅读

新中国石油战线的铁人——王进喜

王进喜，甘肃玉门人，是新中国第一批石油钻探工人，全国著名的劳动模范。1938年，15岁的王进喜进入玉门石油公司当工人，新中国成立后历任玉门石油管理局钻井队长、大庆油田1205钻井队队长、大庆油田钻井指挥部副指挥。1956年加入中国共产党。他率领1205钻井队艰苦创业，打出了大庆第一口油井，并创造了年进尺10万米的世界钻井纪录，展现了大庆石油工人的气概，为我国石油事业立下了汗马功劳，成为中国工业战线一面火红的旗帜。王进喜以“宁可少活二十年，拼命也要拿下大油田”的顽强意志和冲天干劲，被誉为“油田铁人”。1959年，王进喜在全国“群英会”上被授予全国先进生产者称号。

王进喜干工作处处从国家利益着想，他重视调查研究，依靠群众加速油田建设，艰苦奋斗，勤俭办企业，有条件上，没有条件创造条件也要上，建立责任制，认真负责，严把油田质量关。他留下的“铁人精神”和“大庆经验”，成为我国进行社会主义建设的宝贵财富。

王进喜身上体现出来的“铁人精神”，激励了一代代的石油工人。铁人不仅是工人阶级的先锋战士、共产党人的楷模，更是为国家分忧解难、为中华民族争光争气、顶天立地的英雄。

模块二

常减压蒸馏装置操作

常减压蒸馏是将原油经过加热、分馏、冷却等方法将原油切割成为不同沸点范围的组分。常减压蒸馏是原油加工的第一道工序，主要包括电脱盐、初馏、常压蒸馏和减压蒸馏；它是原油的一次加工，在炼油厂加工总流程中有着重要地位，其装置常被称为“龙头”装置。原油经过常减压蒸馏装置加工后，可得到直馏汽油、喷气燃料、轻柴油、重柴油和燃料油等产品。某些含胶质和沥青质的原油，经减压深拔后可直接产出道路沥青，也可以为下游二次加工装置提供原料。

任务一
工艺流程认知

1. 掌握常减压蒸馏工艺原理。
2. 认知常减压蒸馏装置主要设备及作用。
3. 能够绘制常减压蒸馏装置工艺流程图。
4. 能依据工艺流程图描述工艺流程。

原油是极其复杂的混合物，要从中提炼出多种多样的燃料、润滑油和其他产品，需要对原油进行处理，分割为不同沸程的馏分。在分离的过程中需要用到什么装置和设备？工艺流程是什么？

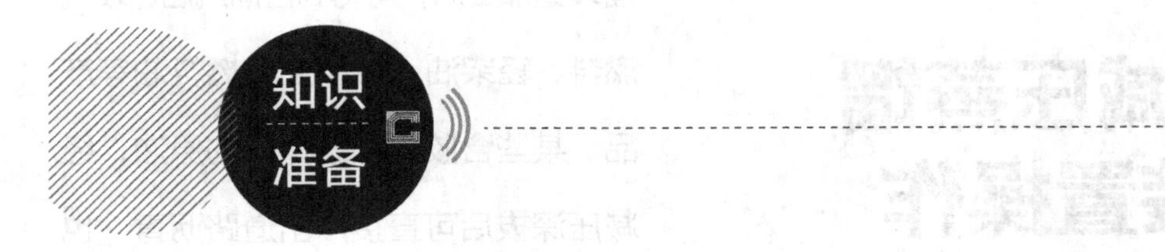

一、石油蒸馏相关概念

1. 蒸馏

蒸馏是利用原油混合物中各个物质沸点的不同，将其分离的方法。

由于原油中物质的种类很多，而且很多物质的沸点相差不大，这样就使得原油中各个组分的完全分离十分困难。然而对原油加工来说，并不需要进行精确的分离，因此可以按一定的沸点范围，把原油分离成不同的馏分，再送往二次加工装置进行加工。

2. 馏分

馏分是指用分馏方法把原油分成不同沸点范围的组分。原油是一个多组分的复杂混合物，每个组分有其各自不同的沸点，用分馏的方法可以把原油分为不同温度段的馏分，如＜200℃、200～350℃等。馏分不等同于石油产品，馏分必须经过进一步加工，达到油品的质量标准，才能称为合格的石油产品。

3. 直馏馏分

直馏馏分指从原油直接分馏得到的馏分。它基本保留了石油化学组成的本来面目，如：不含不饱和烃，在化学组成中含有烷烃、环烷烃、芳香烃等。

二、蒸馏的形式

蒸馏有多种形式，可归纳为闪蒸（平衡汽化或一次汽化）、简单蒸馏（渐次汽化）和精馏三种方式。简单蒸馏常用于实验室或小型装置上，如恩氏蒸馏；而闪蒸和精馏是在工业上常用的两种蒸馏方式，前者如闪蒸塔、蒸发塔或精馏塔的汽化段等，精馏过程通常是在精馏塔中进行的。

1. 闪蒸（flash distillation）

加热某一物料至部分汽化，经减压设施，在容器（如闪蒸罐、闪蒸塔、蒸馏塔的汽化段等）的空间内，于一定温度和压力下，气、液两相分离，得到相应的气相和液相产物，叫做闪蒸。闪蒸只经过一次平衡，其分离能力有限，常用于只需粗略分离的物料。如石油炼制和石油裂解过程中的粗分。

2. 简单蒸馏（simple distillation）

作为原料的液体混合物被放置在蒸馏釜中加热。在一定的压力下，当被加热到某一温度时，液体开始汽化，生成了微量的蒸气，即开始形成第一个气泡。此时的温度，即为该液相的泡点温度，液体混合物到达了泡点状态。生成的气体当即被引出，随即冷凝，如此不断升温、不断冷凝，直到所需要的程度为止。这种蒸馏方式称为简单蒸馏。

在整个简单蒸馏过程中，所产生的一系列微量蒸气的组成是不断变化的；从本质上看，简单蒸馏过程是由无数次平衡汽化所组成的，是渐次汽化过程；简单蒸馏是一种间歇过程，基本上无精馏效果，分离程度也还不高，一般只是在实验室中使用。

3. 精馏（rectification）

精馏是分离液相混合物的有效手段，它是在多次部分汽化和多次部分冷凝过程的基础上发展起来的一种蒸馏方式。

炼油厂中大部分的石油精馏塔，如原油蒸馏塔、催化裂化和焦化产品的分馏塔、催化重整的原料预分馏塔以及一些工艺过程中的溶剂回收塔等，都是通过精馏这种蒸馏方式进行操作的。

三、原油蒸馏工艺原理

炼油厂经常遇到烃类混合物的分离问题。分离烃类混合物的方法很多，最常用的方法是分馏。分馏是在分馏塔内进行的，它是一种物理分离过程。

烃类混合物能够用分馏方法进行分离的根本原因是由于烃类混合物内部各组分的沸点不同。因此，在受热时轻组分（低沸点组分）优先汽化，在冷凝时重组分（高沸点组分）优先冷凝。这就是分馏的根本依据。

将混合液体不断加热，使它不断地部分汽化，剩余在最后液相中的主要是沸点最高组分。将含有汽、煤、柴、蜡油等的气相混合物逐渐冷凝（或称部分冷凝），首先冷凝的是沸点较高的蜡油组分，而留在气相中的是汽、煤、柴油组分混合物。再将这些气体混合物冷凝，则又有沸点较高的柴油组分被冷凝。这样把气体混合物多次部分冷凝，剩在最后的气体是沸点较低的汽油及不凝气体。

所以，只要把液体混合物多次汽化、气体混合物多次冷凝，就可以在最后的气相中，得到较纯的低沸点组分，在最后的液相中得到较纯的高沸点组分。这就是混合物分离的简单原理。

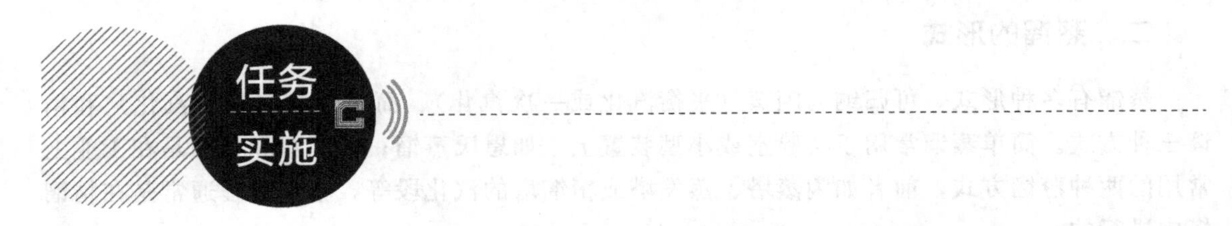

原油是极其复杂的混合物，要从原油中提炼出多种多样的燃料、润滑油和其他产品，基本的途径是：将原油分割为不同沸程的馏分，然后按照油品的使用要求，除去这些馏分中的非理想组分，或者是经由化学转化形成所需要的组成，进而获得合格的产品。而蒸馏正是解决原油的分割和各种馏分在加工过程中分离问题的一种最经济、最容易实现的手段。

活动 1：图 2-1 是常减压蒸馏工艺方框流程图，根据图 2-1 说明常减压蒸馏过程的加工环节、原料及馏分，完成表 2-1。

原油经过加热、分馏、冷却等方法分割成为不同沸点范围的馏分（见图 2-1）。常减压蒸馏是原油加工的第一道工序，一般包括电脱盐、常压蒸馏和减压蒸馏三个部分。原油经常减压蒸馏装置加工后，可得到直馏汽油、喷气燃料、轻柴油、重柴油和燃料油等产品。

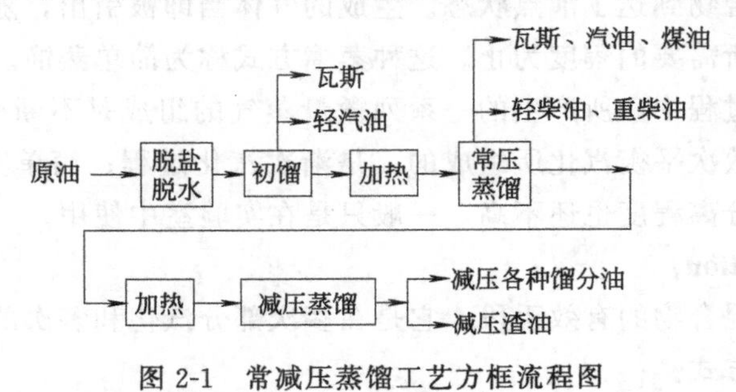

图 2-1 常减压蒸馏工艺方框流程图

表 2-1 常减压蒸馏的原料及馏分

原料	馏分名称	馏分沸点范围

活动 2：根据常减压蒸馏工艺总流程图 2-2，完成表 2-2 常减压蒸馏装置主要设备表。

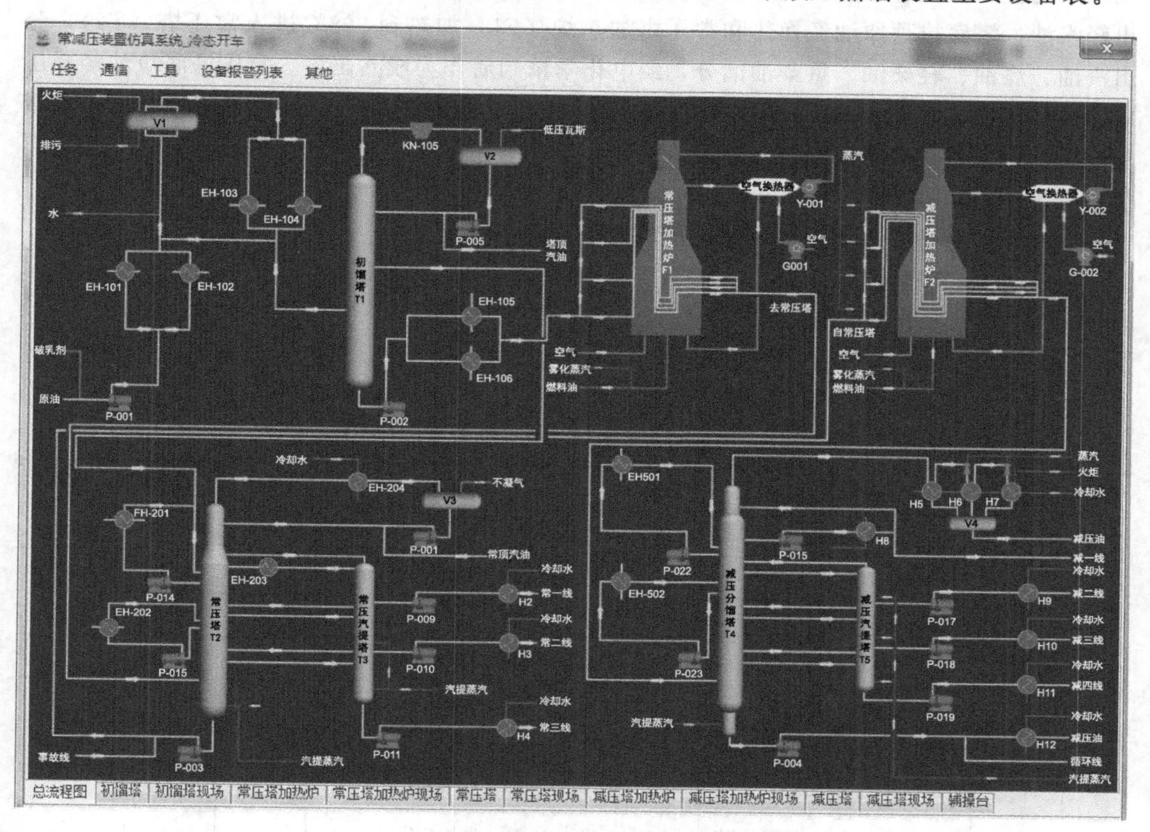

图 2-2　原油常减压蒸馏工艺总流程图

表 2-2　常减压蒸馏装置主要设备表

序号	设备名称		进入物料	流出物料	设备主要作用
1	塔器	初馏塔	脱盐脱水后原油	拔顶原油	拔出原油中的轻汽油馏分
2					
3					
4	加热炉				
5					

活动 3：图 2-2 是原油常减压蒸馏工艺 DCS(集散控制系统)图，在 A3 图纸上绘制图 2-2 工艺 PID 图，叙述工艺流程，写出几种主要物料的生产流程。学生互换 A3 图纸，在教师指导下根据表 2-3 原油常减压蒸馏工艺总流程图评分标准进行评分，标出错误，进行纠错。

秦皇岛博赫科技开发有限公司以真实常减压工厂为原型开发研制的虚拟化工仿真系统，主要分为常压蒸馏、减压蒸馏等工艺过程。登录常减压蒸馏装置仿真系统软件，常减压蒸馏工艺总流程如图 2-2 所示。

图 2-2 是原油常减压蒸馏工艺总流程图，原油经原油泵送入装置，到装置内经两路换热器，换热至 120℃加入精制水和破乳剂，经混合后进入电脱盐脱水器（V1），在高压交流电场作用下混悬在原油中的微小液滴逐步扩大成较大液滴，借助重力合并成水层，将水及溶解

在水中的盐、杂质等脱除。经脱盐脱水后的原油换热至235℃，进入初馏塔（T1），塔顶拔出轻汽油，塔底拔顶原油经换热和常压塔加热炉（F1）加热到368℃进入常压塔（T2），分出汽油、煤油、轻柴油、重柴油馏分，经电化学精制后作为成品出厂。常压塔底重油经减压塔加热炉（F2）加热至395℃进入减压分馏塔（T4），在残压为2～8kPa下，分馏出各种减压馏分，作催化或润滑油原料。减压渣油经换热冷却后作燃料油或经换热后作焦化、催化裂化，氧化沥青原料。

以汽油馏分生产流程为例，完成柴油馏分的生产流程。

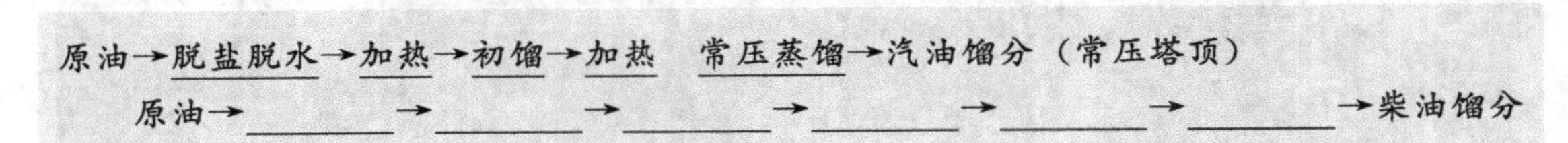

表 2-3 原油常减压蒸馏工艺总流程图评分标准

序号	考核内容	考核要点	配分	评分标准	扣分	得分	备注
1	准备工作	工具、用具准备	5	工具携带不正确扣5分			
2	图纸评分	排布合理,图纸清晰	10	不合理、不清晰扣10分			
3		边框	5	格式不正确扣5分			
4		标题栏	5	格式不正确扣5分			
5		塔器类设备齐全	15	漏一项扣5分			
6		主要加热炉、换热设备齐全	15	漏一项扣5分			
7		主要泵齐全	15	漏一项扣5分			
8		主要阀门齐全(包括调节阀)	15	漏一项扣5分			
9		管线	15	管线错误一条扣5分			
合计			100				

活动4：智能化模拟工厂——常减压蒸馏装置“摸”流程。根据图纸查找主要工艺设备，分小组对照工艺模型描述工艺流程（表述清楚设备名称、位置及作用，管路内物料及流向，设备内物料变化等）。在教师指导下根据“表2-4 工艺流程描述评分标准”进行评分。

表 2-4 工艺流程描述评分标准

序号	考核要点	配分	评分标准	扣分	得分	备注
1	设备位置对应清楚	20	出现一次错误扣5分			
2	物料管路对应清晰	30	出现一次错误扣5分			
3	设备内物料变化能够描述	20	出现一次错误扣5分			
4	物料流动顺序描述清晰	20	出现一次错误扣5分			
5	其他	10	语言流畅,描述清晰			
合计		100				

活动5：在常减压蒸馏装置现场图（图2-3）中，标注主要设备名称。

图 2-3　常减压蒸馏装置现场图

图 2-3 中，主要设备有脱盐脱水罐、初馏塔、常压加热炉、常压塔、减压加热炉、减压分馏塔等。

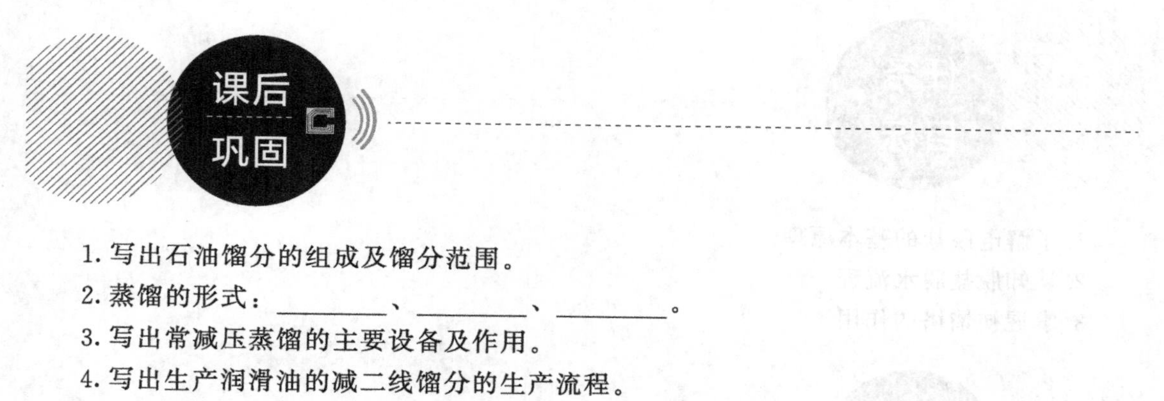

1. 写出石油馏分的组成及馏分范围。

2. 蒸馏的形式：________、________、________。

3. 写出常减压蒸馏的主要设备及作用。

4. 写出生产润滑油的减二线馏分的生产流程。

原油→________→________→________→________→________→________→________→________→________→减二线馏分油

任务二 原油预处理

1. 了解电脱盐的基本原理。
2. 认知脱盐脱水流程。
3. 掌握初馏塔的作用。

由于原油中含有杂质，在进行常减压蒸馏前必须进行原油的预处理。目前国内外炼油厂要求在加工前，原油含水量（体积分数）＜0.06%，含盐量＜3mg/L。如何降低原油中的含盐含水量？其中用到的设备有哪些？采用的原理是什么？

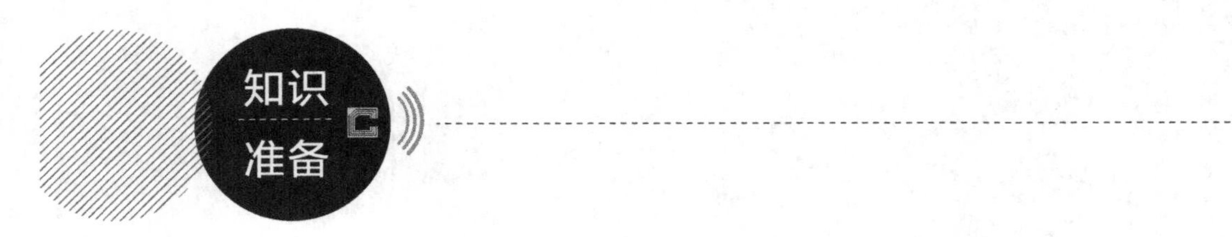

一、电脱盐的基本原理

原油电脱盐主要是加入破乳剂破坏其乳化状态，在电场的作用下，使微小水滴聚结成大水滴，使油水分离。由于原油中的大部分盐类是溶解在水中，因此脱盐与脱水是同时进行的。

二、破乳剂的作用

破乳剂比乳化剂具有更小的表面张力、更高的表面活性，原油中加入破乳剂后，首先分散在原油乳化液中，而后逐渐到达油水界面，由于它具有比天然乳化剂更高的表面活性，因此破乳剂将代替乳化剂吸附在油水界面，并浓缩在油水界面，改变了原来界面的性质，破坏了原来较为牢固的吸附膜，形成一个较弱的吸附膜，并容易受到破坏。

三、电脱盐装置中脱盐过程

原油中的盐大部分溶于所含水中，故脱盐脱水是同时进行的。为了脱除悬浮在原油中的盐粒，在原油中注入一定量的新鲜水（注入量一般为5%），充分混合，然后在破乳剂和高压电场的作用下，使微小水滴逐步聚集成较大水滴，借重力从油中沉降分离，达到脱盐脱水的目的，这称为电化学脱盐脱水过程。

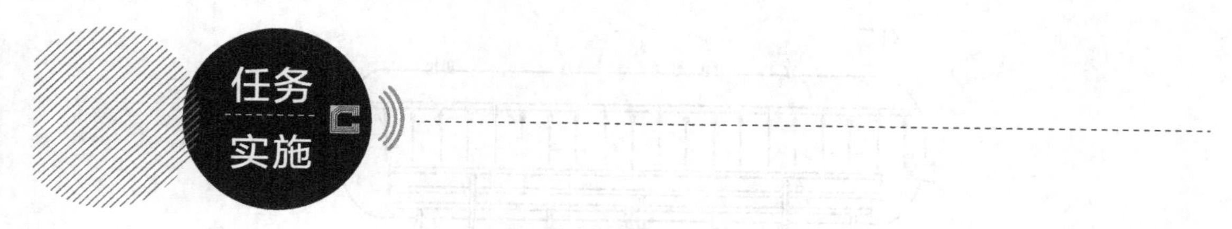

从地底油层中开采出来的石油都伴有水，这些水中都溶解有无机盐，如 NaCl、$MgCl_2$、$CaCl_2$ 等。油田原油经过脱水和稳定，可以把大部分水及水中的盐脱除，但仍有部分水不能脱除，水以乳化状态存在于原油中，原油含水含盐给原油运输、贮存、加工和产品质量都会带来危害，需要在蒸馏之前脱盐脱水，减少对后续设备的腐蚀。

活动 1：查阅电脱盐罐结构的相关资料，完成表 2-5。

表 2-5 电脱盐罐结构

电脱盐罐结构	作用

电脱盐罐如图 2-4 和图 2-5 所示。

活动 2：根据炼油厂采用的两级脱盐脱水流程，思考为什么采用两级注水，两级注水与一级注水有什么异同点。

我国各炼油厂大都采用两级脱盐脱水流程，如图 2-6 所示。

原油自油罐抽出后，先与淡水、破乳剂按比例混合，经加热到规定温度，送入一级脱盐罐，一级电脱盐的脱盐率在90%～95%之间，在进入二级脱盐之前，仍需注入淡水，一级注水是为了溶解悬浮的盐粒，二级注水是为了增大原油中的水量，以增大水滴的偶极聚结力。脱水原油从脱盐罐顶部引出，经接力泵送至换热、蒸馏系统。脱出的含盐废水从罐底排

图 2-4　电脱盐罐外貌

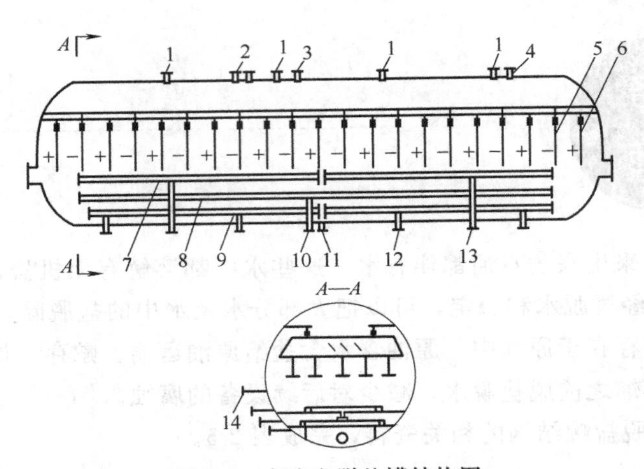

图 2-5　交流电脱盐罐结构图

1—原油出口；2—电源引入口；3—导钠引入口；4—放空口；5—垂直负极板；6—垂直正极板；7—原油分配器；8—水冲洗管；9—污水切水管；10—水冲洗入口；11—底部放空；12—污水切水口；13—原油入口；14—界面排放口

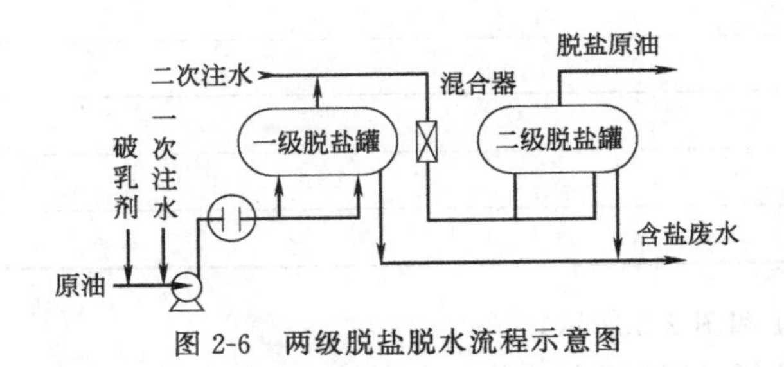

图 2-6　两级脱盐脱水流程示意图

出，经隔油池分出污油后排出装置。

活动 3：查阅初馏塔作用相关资料，完成表 2-6。

表 2-6　初馏塔作用

序号	作用
1	

续表

序号	作用
2	
3	
4	
5	

初馏塔是拔出原油中的轻汽油馏分的分离设备。脱盐脱水后的原油经换热，温度达到210～250℃，这时较轻的组分已经汽化，气液混合物一起进入初馏塔或闪蒸塔，初馏塔的任务就是对原油进行一次预蒸馏，从塔顶拔出原油中的部分汽油组分。换热后原油进入汽化段后部分汽化，流入塔底的液相部分（初底油）送至常压炉。气相上升到塔顶，从塔顶拔出原油中的部分汽油组分。侧线根据目的产品的要求而设置，可作为回流或者作为产品出装置。

初馏塔的设置有以下几点作用：

（1）由于初馏塔的进料温度较低，原油中的金属有机化合物未受到高温分解。当需要生产重整原料，而原油中的砷含量又较高时，初顶可以生产出砷含量较低的干点170℃左右的重整原料。其余的轻馏分则因进料温度较高、砷含量较高自常压塔顶拔出。

（2）当原油带水或电脱盐系统波动时，则增加初馏塔对稳定常压塔的操作，防止冲塔事故的发生。

（3）稳定常压塔的操作。设置初馏塔可以大大降低因原油性质变化，以及其他因素引起的常压塔的操作波动，有利于生产工序的稳定。

（4）在加工高硫高盐等劣质原油时，由于塔顶低温部位 H_2S-HCl-H_2O 型腐蚀严重，设置初馏塔后，可将大部分腐蚀转移到初馏塔，减轻常压塔顶系统的腐蚀，这样做在经济上较为合理。

（5）初馏塔可以采用较高的操作压力（绝压0.2～0.4MPa），减少轻质馏分的损失。

活动4：脱盐罐操作。

脱盐罐操作过程中常遇到两种异常操作，根据异常操作现象和影响因素，填写表2-7中相应的调节方法。

表2-7 脱盐罐操作

异常操作	影响因素	调节方法
脱后原油含水	混合阀压降太大	
	原料油性质变差，含水量高，油水分离效果差	
	高压电压过低，电场作用弱	
	破乳剂加入量过小	
	油水界面过高	
脱后原油含盐	混合阀压降过低，油水未得到有效接触	
	注水量不足	
	脱盐操作温度过低	
	原油含盐量增大或油质变重增加了脱盐难度	

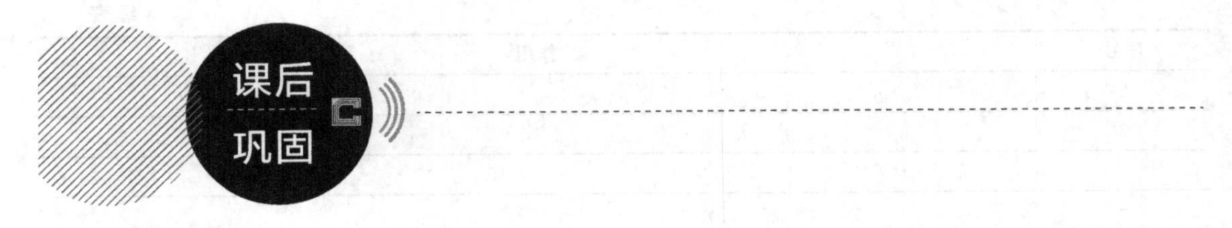

1. 脱盐罐的结构包括________、________、________、________、________。

2. 原油中所含盐的种类、存在形式及含盐对原油炼制加工和产品质量所带来的危害性是什么？

3. 原油在脱盐之前为什么要先注水？脱后原油的含水、含盐指标应达到多少？

任务三
常压蒸馏塔操作

1. 认知常压塔主要结构。
2. 掌握常压塔工艺特点。
3. 调节常压塔操作参数。

原油经过脱盐脱水后仍然是混合物，采用什么样的设备将脱盐脱水后的原油分离成为不同的馏分？该设备与普通的精馏塔有什么样的异同点？应该怎么调节？

一、常压塔作用

常压塔的主要作用是切割 350℃以前的馏分，如汽油、煤油和柴油等。因此，常压塔侧线开得较多，一般开 3～4 个侧线。

二、常压塔结构

典型的常压塔结构如图 2-7 所示。

图 2-7　常压塔结构图

由于产品种类较多，取热量大，故常压塔全塔塔板总数较多，一般有 42～50 层。各侧线之间的大致塔板数见表 2-8。

表 2-8　常压塔塔板数

馏分	塔板数/层
汽油—煤油	10～12
煤油—轻柴油	10～11
轻柴油—重柴油	8～10
重柴油—裂化原料	6～8
裂化原料—进料	3～4
进料—塔底	4

脱盐脱水后的原油通过常压蒸馏切割成汽油、煤油、轻柴油、重柴油和重油等四五种产品馏分，小于 350℃的馏分可以通过常压塔分离。

活动 1：查阅相关资料，总结常压塔与普通精馏塔的异同点，完成表 2-9。

表 2-9　常压塔与普通精馏塔的异同点

序号	相同点	不同点
1		
2		
3		
4		
5		

原油常压塔的工艺特点如下。

1. 常压塔是一个复合塔

原油通过常压蒸馏要切割成汽油、煤油、轻柴油、重柴油和重油等四五种产品馏分。按照一般的多元精馏办法，需要有 $N-1$ 个精馏塔才能把原料分割成 N 个馏分。但是在石油精馏中，各种产品本身依然是一种复杂混合物，它们之间的分离精确度并不要求很高，两种产品之间需要的塔板数并不多，因而原油常压塔是在塔的侧部开若干侧线以得到如上所述的多个产品馏分，就像 N 个塔叠在一起一样，它的精馏段相当于原来 N 个简单塔的精馏段组合而成，而其下段则相当于最下一个塔的提馏段，故称为复合塔。

2. 常压塔的原料和产品都是组成复杂的混合物

原油经过常压蒸馏可得到沸点范围不同的馏分，如汽油、煤油、柴油等轻质馏分油和常压重油，这些产品仍然是复杂的混合物（其质量是靠一些质量标准来控制的，如汽油馏程的干点不能高于 205℃）。35～150℃是石脑油或重整原料；130～250℃是煤油馏分；250～300℃是柴油馏分；300～350℃是重柴油馏分，可作催化裂化原料；＞350℃是常压重油。

3. 汽提段和汽提塔

对石油精馏塔，提馏段的底部常常不设再沸器，因为塔底温度较高，一般在 350℃左右，在这样的高温下，很难找到合适的再沸器热源。因此，通常向底部吹入少量过热水蒸气，以降低塔内的油汽分压，使混入塔底重油中的轻组分汽化，这种方法称为汽提。汽提所用的水蒸气通常是 400～450℃，约为 3MPa 的过热水蒸气。

在复合塔内，汽油、煤油、柴油等产品之间只有精馏段而没有提馏段，这样侧线产品中会含有相当数量的轻馏分，不仅影响侧线产品的质量，而且降低了轻馏分的收率。所以通常在常压塔的旁边设置若干个侧线汽提塔（见图 2-8），这些汽提塔可重叠起来，但相互之间是隔开的，侧线产品从常压塔中部抽出，送入汽提塔上部，从该塔下部注入水蒸气进行汽提，汽提出的低沸点组分同水蒸气一道从汽提塔顶部引出返回主塔，侧线产品由汽提塔底部抽出送出装置。

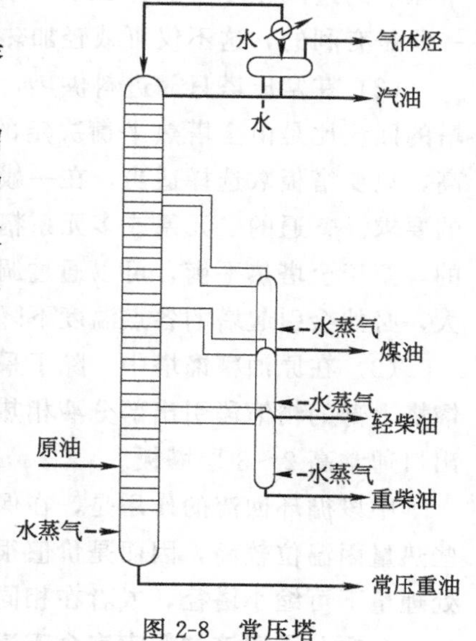

图 2-8　常压塔

在有些情况下，侧线的汽提塔不采用水蒸气而仍像正规的提馏段那样采用再沸器。这种做法是基于以下几点考虑：

（1）侧线油品汽提时，产品中会溶解微量水分，对有些要求低凝点或低冰点的产品如航空煤油可能使冰点升高，采用再沸提馏可避免此弊病。

(2) 汽提用水蒸气的质量分数虽小（通常为侧线产品的 2%～3%），但水的分子量仅是煤油、柴油的几十分之一，因而体积流量相当大，增大了塔内的气相负荷。采用再沸提馏代替水蒸气汽提有利于提高常压塔的处理能力。

(3) 水蒸气的冷凝潜热很大，采用再沸提馏有利于降低塔顶冷凝器的负荷。

(4) 采用再沸提馏有助于减少装置的含油污水量。

采用再沸提馏代替水蒸气汽提会使流程设备复杂些，因此采用何种方式要具体分析。至于侧线油品用作裂化原料时则可不必汽提。

常压塔进料汽化段中未汽化的油料流向塔底，这部分油料中还含有相当多＜350℃的轻馏分。因此，在进料段以下也要有汽提段，在塔底吹入过热水蒸气以使其中的轻馏分汽化后返回精馏段，以达到提高常压塔拔出率和减轻减压塔负荷的目的。塔底吹入的过热水蒸气的质量分数一般为 2%～4%。常压塔底不可能用再沸器代替水蒸气汽提，因为常压塔底温度一般在 350℃左右，如果用再沸器，很难找到合适的热源，而且再沸器也十分庞大。减压塔的情况也是如此。

4. 全塔热平衡

由于常压塔塔底不用再沸器，热量来源几乎完全取决于加热炉加热的进料。汽提水蒸气（一般约 450℃）虽也带入一些热量，但由于只放出部分显热，且水蒸气量不大，因而这部分热量是不大的。全塔热平衡的情况引出以下几个问题：

(1) 常压塔进料的汽化率至少应等于塔顶产品和各侧线产品的产率之和，否则不能保证要求的拔出率或轻质油收率。至于普通的二元或多元精馏塔，理论上讲进料的汽化率可以在 0～1 之间任意变化而仍能保证产品产率。在实际设计和操作中，为了使常压塔精馏段最低一个侧线以下的几层塔板(在进料段之上)上有足够的液相回流以保证最低侧线产品的质量，原料油进塔后的汽化率应比塔上部各种产品的总收率略高一些，高出的部分称为过汽化度，常压塔的过汽化度一般为 2%～4%。实际生产中，只要侧线产品质量能保证，过汽化度低一些是有利的，这不仅可减轻加热炉负荷，而且由于炉出口温度降低可减少油料的裂化。

(2) 在常压塔只靠进料供热，而进料的状态（温度、汽化率）又已被规定。因此，常压塔的回流比是由全塔热平衡决定的，变化的余地不大。常压塔产品要求的分离精确度不太高，只要塔板数选择适当，在一般情况下，由全塔热平衡所确定的回流比已完全能满足精馏的要求。普通的二元系或多元系精馏与原油精馏不同，它的回流比是由分离精确度要求确定的，至于全塔热平衡，可以通过调节再沸器负荷来达到。在常压塔的操作中，如果回流比过大，必然会引起塔的各点温度下降、馏出产品变轻、拔出率下降。

(3) 在原油精馏塔中，除了采用塔顶回流，通常还设置 1～2 个中段循环回流，即从精馏塔上部的精馏段引出部分液相热油，经与其他冷流换热或冷却后再返回塔中，返回口比抽出口通常高 2～3 层塔板。

中段循环回流的作用是，在保证产品分离效果的前提下，取走精馏塔中多余的热量，这些热量因温位较高，因而是价值很高的可利用热源。采用中段循环回流的好处是，在相同的处理量下可缩小塔径，或者在相同的塔径下可提高塔的处理能力。

5. 恒分子回流的假定完全不适用

在普通的二元和多元精馏塔的设计计算中，为了简化计算，对性质及沸点相近的组分所组成的体系作出了恒分子回流的近似假设，即在塔内的气、液相的摩尔流量不随塔高而变化。这个近似假设对原油常压塔是完全不能适用的。石油是复杂混合物，各组分间的性质可以有很大的差别，它们的摩尔汽化潜热可以相差很远，沸点之间的差别甚至可达几百度。如常压塔顶和塔底之间的温差就可达 250℃左右。显然，以精馏塔上、下部温差不大，塔内各组分的摩尔汽化潜热相近为基础所作出的恒分子回流这一假设对常压塔是完全不适用的。

活动 2：常压塔带控制点的工艺流程图绘制。

在图 2-9 中找出常减压蒸馏装置常压塔岗位控制仪表，完成表 2-10 常压塔岗主要控制仪表。在 A4 图纸上绘制常压塔 PID 图。

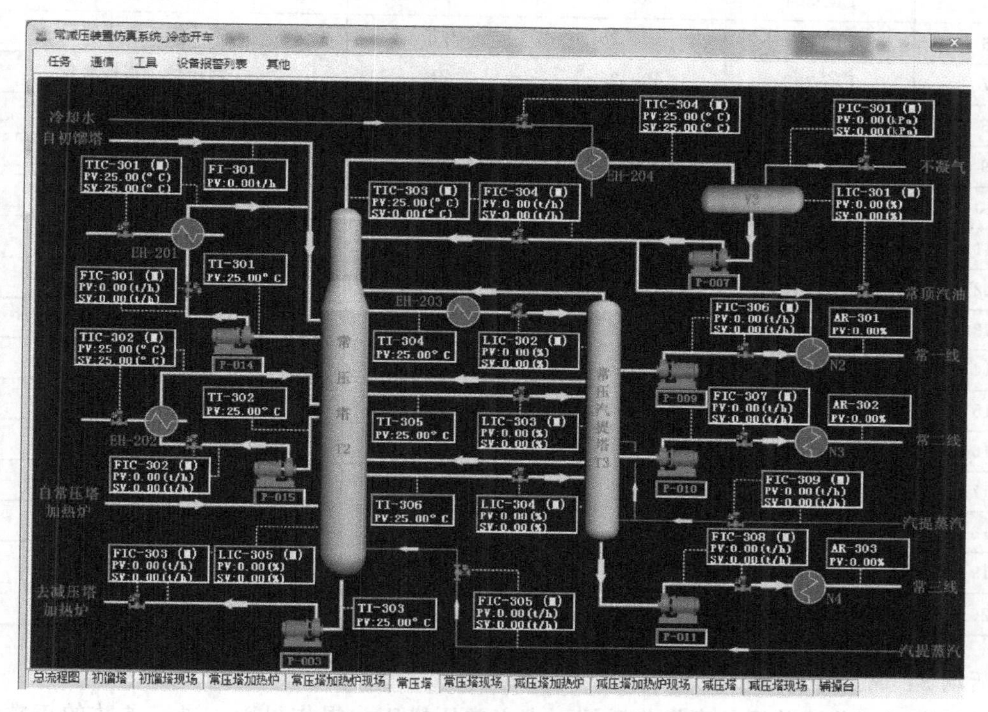

图 2-9 常压塔 DCS（集散控制系统）图

常减压蒸馏工艺常压塔岗主要仪表包括控制仪表和显示仪表。请对照图 2-9 常压塔 DCS（集散控制系统）图找出表 2-10 常压塔岗主要控制仪表的主要位置并说明作用。

表 2-10 常压塔岗主要控制仪表

序号	1	2	3	4	5	6	7	8	9	10
仪表位号	LIC-305	LIC-301	LIC-302	LIC-303	LIC-304	FIC-201	FIC-202	FIC-203	FIC-204	FIC-301
仪表位置										
作用										
序号	11	12	13	14	15	16	17	18	19	20
仪表位号	FIC-302	FIC-306	FIC-307	FIC-308	FIC-303	FIC-304	TIC-302	TIC-301	TIC-303	TIC-304
仪表位置										
作用										

主要控制仪表的位号、正常值及说明见表 2-11。

表 2-11 常压塔岗主要控制仪表的位号、正常值及说明

序号	位号	正常值	单位	说明
1	LIC-305	50.00	%	常压塔塔底液位
2	LIC-301	50.00	%	常顶回流罐液位
3	LIC-302	50.00	%	常一线汽提塔液位
4	LIC-303	50.00	%	常二线汽提塔液位
5	LIC-304	50.00	%	常三线汽提塔液位
6	FIC-201	100.25	t/h	常压炉一路进料量
7	FIC-202	100.25	t/h	常压炉二路进料量
8	FIC-203	100.25	t/h	常压炉三路进料量
9	FIC-204	100.25	t/h	常压炉四路进料量
10	FIC-301	86.6	t/h	常一中循环量
11	FIC-302	96.6	t/h	常一中循环量
12	FIC-306	29.7	t/h	常一线抽出量
13	FIC-307	63.4	t/h	常二线抽出量
14	FIC-308	35.8	t/h	常三线抽出量
15	FIC-303	281.3	t/h	常底油抽出量
16	FIC-304		t/h	常顶回流量
17	TIC-302		℃	常二中返回温度
18	TIC-301		℃	常一中返回温度
19	TIC-303	110	℃	常压塔塔顶温度
20	TIC-304		℃	常顶回流温度

活动 3：常压塔操作。

登录常减压蒸馏装置仿真操作系统，进入常压塔正常操作界面，进行参数的正常调节，常压塔操作的主要工艺控制参数见表 2-12；以常压塔塔顶温度 TIC-303 控制为例，分析异常现象的影响因素并进行正确调节，见表 2-13。

表 2-12 常压塔操作的主要工艺控制参数

序号	工艺参数	控制原则
1	温度	塔顶温度用顶回流量调节及塔顶循环返塔温度控制
2		侧线温度用侧线抽出量及塔顶温度调节
3		循环回流、中段回流用于顶温和侧线温度调节
4	液面	常底液面由塔底抽出量及原油量调节
5		侧线汽提塔液面由侧线抽出量调节
6		常顶回流罐汽油液面用汽油外送量调节
7		汽提塔内液面由外送量调节
8	压力	要求保持塔顶压力低并且平稳，以提高拔出率，并使质量合格

表 2-13　常压塔变量影响因素及调节方法

位号	正常值	异常值	影响因素	调节方法
TIC-303	110℃	80℃	常压加热炉出口温度低	开大燃料油进料阀门，提高常压加热炉出口温度
			顶回流量增大	关小顶回流量阀门，降低顶回流量
			回流油温度降低	减少冷流体进料量，提高汽油冷后温度
LIC-305	50.00%	30%		

1. 常压塔的工艺特点是什么？
2. 常压蒸馏系统主要控制的温度点有哪些？
3. 常压蒸馏系统温度控制原则是什么？
4. 常压塔顶温度、侧线温度如何控制？
5. 常压塔塔底液面如何控制？

任务四 减压蒸馏塔操作

1. 认知减压塔主要结构。
2. 了解减压塔装置特点。
3. 掌握减压塔与常压塔的异同点。
4. 调节减压塔操作参数。

原油中350℃以上的高沸点馏分在高温下会发生分解反应，为了保证该馏分范围的质量，如何获得这部分馏分？需要用到什么设备？减压蒸馏与常压蒸馏有什么异同点？应该如何调节减压塔工艺参数？

一、减压塔作用

原油中350℃以上的高沸点馏分在高温下会发生分解反应，为了保证该范围馏分的质量，所以在常压塔的操作条件下不能得到这些馏分，而只能在减压和较低的温度下通过减压蒸馏取得。在现代技术水平下，通过减压蒸馏可以从常压重油中蒸馏出沸点约550℃以前的馏分油。减压蒸馏的核心设备是减压精馏塔和它的抽真空系统。减压塔的作用就是在减压条件下，分割常压炉进料温度下常压塔不能汽化的馏分（常底油），通常是350～550℃之间的馏分，获得加氢裂化及催化裂化原料或者润滑油基础油等产品。

二、减压塔的抽真空系统

减压塔之所以能在减压下操作，是因为在塔顶设置了一个抽真空系统，将塔内不凝气、注入的水蒸气和极少量的油气连续不断地抽走，从而形成塔内真空。减压塔的抽真空设备可以用蒸汽喷射器（也称蒸汽喷射泵或抽空器）或机械真空泵。在炼油厂中的减压塔广泛地采用蒸汽喷射器来产生真空，图2-10是常减压蒸馏装置常用的蒸汽喷射器抽真空系统的流程。

1. 抽真空系统的流程

减压塔顶出来的不凝气、水蒸气和少量油气首先进入一个管壳式冷凝器。水蒸气和油气被冷凝后排入水封罐，不凝气则由一级喷射器抽出，从而在冷凝器中形成真空。由一级喷射器抽来的不凝气再排入一个中间冷凝器，将一级喷射器排出的水蒸气冷凝。不凝气再由二级喷射器抽走而排入大气。为了消除因排放二级喷射器的蒸汽所产生的噪声及避免排出的蒸汽的凝结水洒落在装置平台上，通常再设一个后冷凝器将水蒸气冷凝而排入水阱，而不凝气则排入大气。

冷凝器是在真空下操作的。为了使冷凝水顺利地排出，排出管内水柱的高度应足以克服大气压力与冷凝器内残压之间的压差以及管内的流动阻力。通常此排液管的高度至少应在10m以上，在炼油厂俗称此排液管为大气腿。

图2-10中的冷凝器采用间接冷凝的管壳式冷凝器，故通常称为间接冷凝式二级抽真空系统。它的作用在于使可凝的水蒸气和油气冷凝而排出，从而减轻喷射器的负荷。冷凝器本身并不形成真空，因为系统中还有不凝气存在。

另外，最后一级冷凝器排放的不凝气［气体烃（裂解气）占80%以上，并含有硫化物气体］会造成大气污染和可燃气的损失。国内外炼油厂都开始回收这部分气体，把它用作加热炉燃料，既节约燃料，又减少了对环境的污染。

2. 蒸汽喷射器

蒸汽喷射器（或蒸汽喷射泵）如图2-11所示。

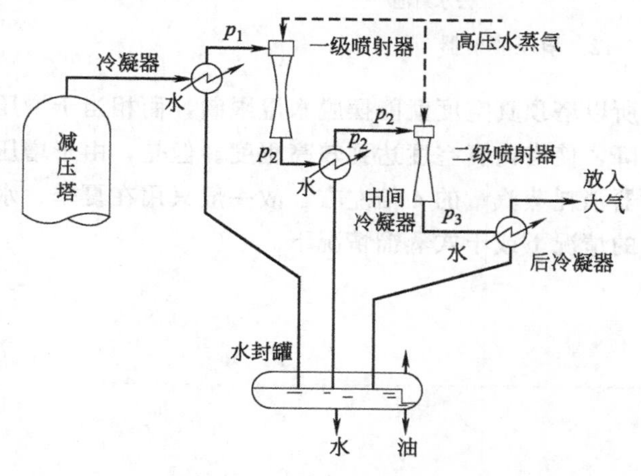

图2-10 抽真空系统流程

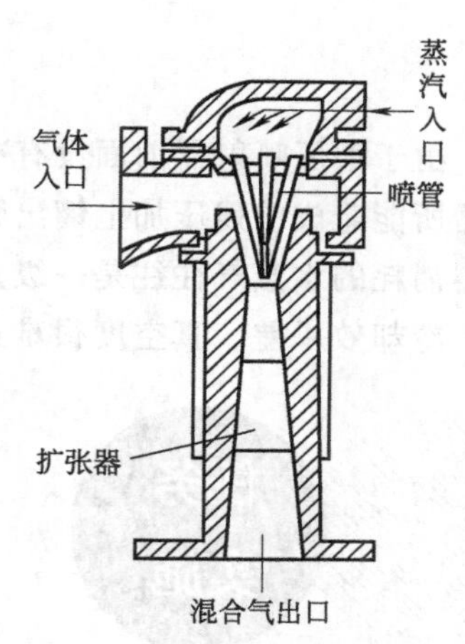

图2-11 蒸汽喷射器

蒸汽喷射器由喷嘴、扩张器和混合室构成。高压工作蒸汽进入喷射器中，先经收缩喷嘴将压力能变成动能，在喷嘴出口处可以达到极高的速度（1000～1400m/s），使混合室形成了高度真空。不凝气从进口处被抽吸进来，在混合室内与驱动蒸汽混合并一起进入扩张器，扩张器中混合流体的动能又转变为压力能，使压力略高于大气压，混合气才能从出口排出。

3. 增压喷射器

在抽真空系统中，不论是采用直接混合冷凝器、间接式冷凝器还是空冷器，其中都会有水存在。水在其本身温度下有一定的饱和蒸气压，故冷凝器内总是会有若干水蒸气。因此，理论上冷凝器中所能达到的残压最低只能达到该处温度下水的饱和蒸气压。

减压塔塔顶所能达到的残压应在上述的理论极限值上加上不凝气的分压、塔顶馏出管线的压降、冷凝器的压降。所以减压塔塔顶残压要比冷凝器中水的饱和蒸气压高，当水温为20℃时，冷凝器所能达到的最低残压为0.0023MPa，此时减压塔塔顶的残压就可能高于0.004MPa。

实际上，20℃的水温是不容易达到的，二级或三级蒸汽喷射抽真空系统，很难使减压塔塔顶达到0.004MPa以下的残压。如果要求更高的真空度，就必须打破水的饱和蒸气压这个极限。因此，在塔顶馏出气体进入一级冷凝之前，再安装一个蒸汽喷射器使馏出气体升压，如图2-12所示。

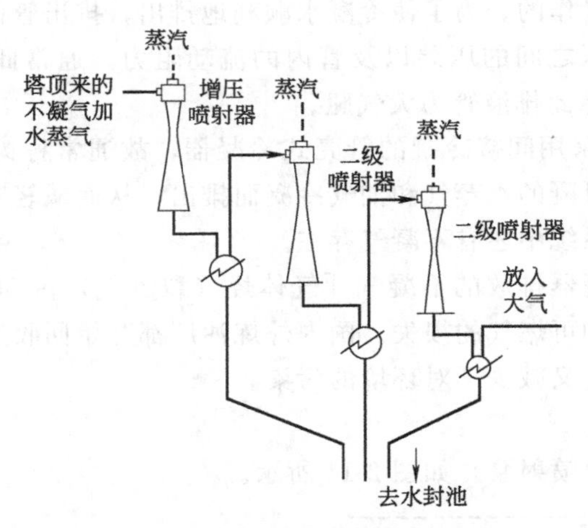

图2-12　增压喷射器

由于增压喷射器前面没有冷凝器，所以塔顶真空度就能摆脱水温限制，而相当于增压喷射器所能造成的残压加上馏出管线压力降，使塔内真空度达到较高程度。但是，由于增压喷射器消耗的水蒸气往往是一级蒸汽喷射器消耗蒸汽量的4倍左右，故一般只用在夏季、水温高、冷却效果差、真空度很难达到要求的情况下或干式蒸馏情况下。

活动1：查阅相关资料，总结减压塔与常压塔的异同点，完成表2-14。

表 2-14 减压塔与常压塔的异同点

序号	相同点	不同点
1		
2		
3		
4		
5		

根据生产任务的不同，减压塔可分为润滑油型和燃料型两种，见图 2-13 和图 2-14。外观图见图 2-15。

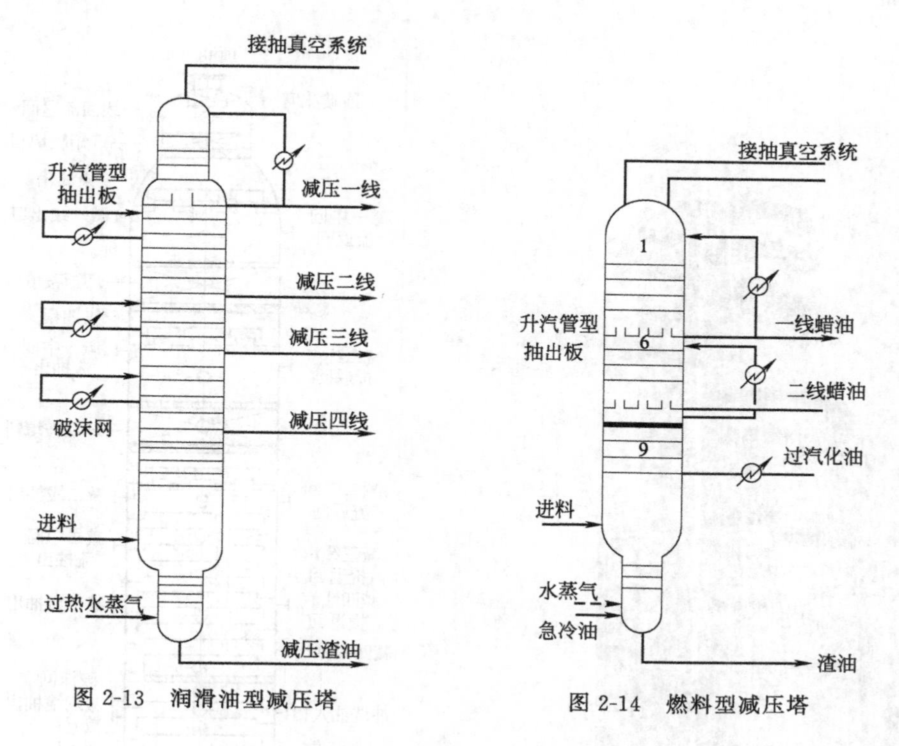

图 2-13 润滑油型减压塔

图 2-14 燃料型减压塔

典型燃料型减压塔结构简图见图 2-16。润滑油型减压塔是为了提供黏度合适、残炭值低、色度好和馏程较窄的润滑油料。燃料型减压塔主要是为了提供残炭值低和金属含量低的催化裂化和加氢裂化原料，对馏分组成的要求是不严格的。无论哪种类型的减压塔，都要求有尽可能高的拔出率。为了提高汽化段的真空度，除了需要有一套良好的塔顶抽真空系统外，一般还采取以下几种措施。

(1) 降低从汽化段到塔顶的流动压降。这主要依靠减少塔板数和降低气相通过每层塔板的压降来实现。

(2) 降低塔顶油气馏出管线的流动压降。为此，减压塔塔顶不出产品，塔顶管线只供抽真空设备抽出不凝气用。因为减压塔顶没有产品馏出，故只采用塔顶循环回流而不采用塔顶冷回流。

(3) 减压塔塔底汽提蒸汽用量比常压塔大，其主要目的是降低汽化段中的油气分压。近年来，少用或不用汽提蒸汽的干式减压蒸馏技术有较大的发展。

(4) 降低转油线压降，通过降低转油线中的油气流速来实现。减压塔汽化段温度并不是常压重油在减压蒸馏系统中所经受的最高温度，此最高温度的部位是在减压炉出口。为了避免油品分解，对减压炉出口温度要加以限制，在生产润滑油时不得超过 395℃，在生产裂化原料时不超过 400～420℃，同时在高温炉管内采用较高的油气流速以减少停留时间。

(5) 缩短渣油在减压塔内的停留时间。塔底减压渣油是最重的物料，如果在高温下停留时间过长，则其分解、缩合等反应比较显著。其结果，一方面生成较多的不凝气使减压塔的真空度下降；另一方面会造成塔内结焦。因此，减压塔底部的直径通常缩小，以缩短渣油在塔内的停留时间。此外，有的减压塔还在塔底打入急冷油以降低塔底温度，减少渣油分解、结焦的倾向。

图 2-15 减压塔外观

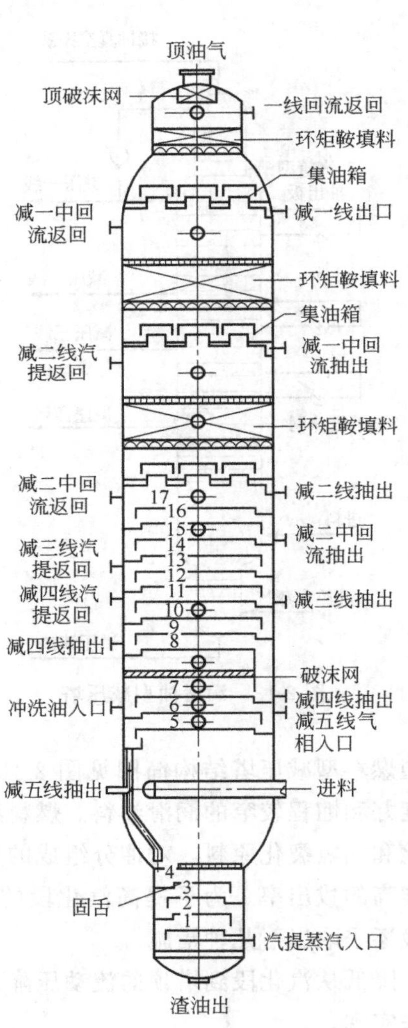

图 2-16 燃料型减压塔结构简图

由于上述各项工艺特征，从外形来看，减压塔比常压塔显得粗而短且塔顶和塔底有缩径。此外，减压塔的底座较高，塔底液面与塔底油抽出泵入口之间的位差在 10m 左右，这主要是为了给热油泵提供足够的灌注头。

活动 2：绘制带控制点的减压塔工艺流程图。

在图 2-17 中找出常减压蒸馏装置减压塔岗位控制仪表，完成表 2-15 减压塔岗主要控制仪表。在 A4 图纸上绘制减压塔 PID 图。

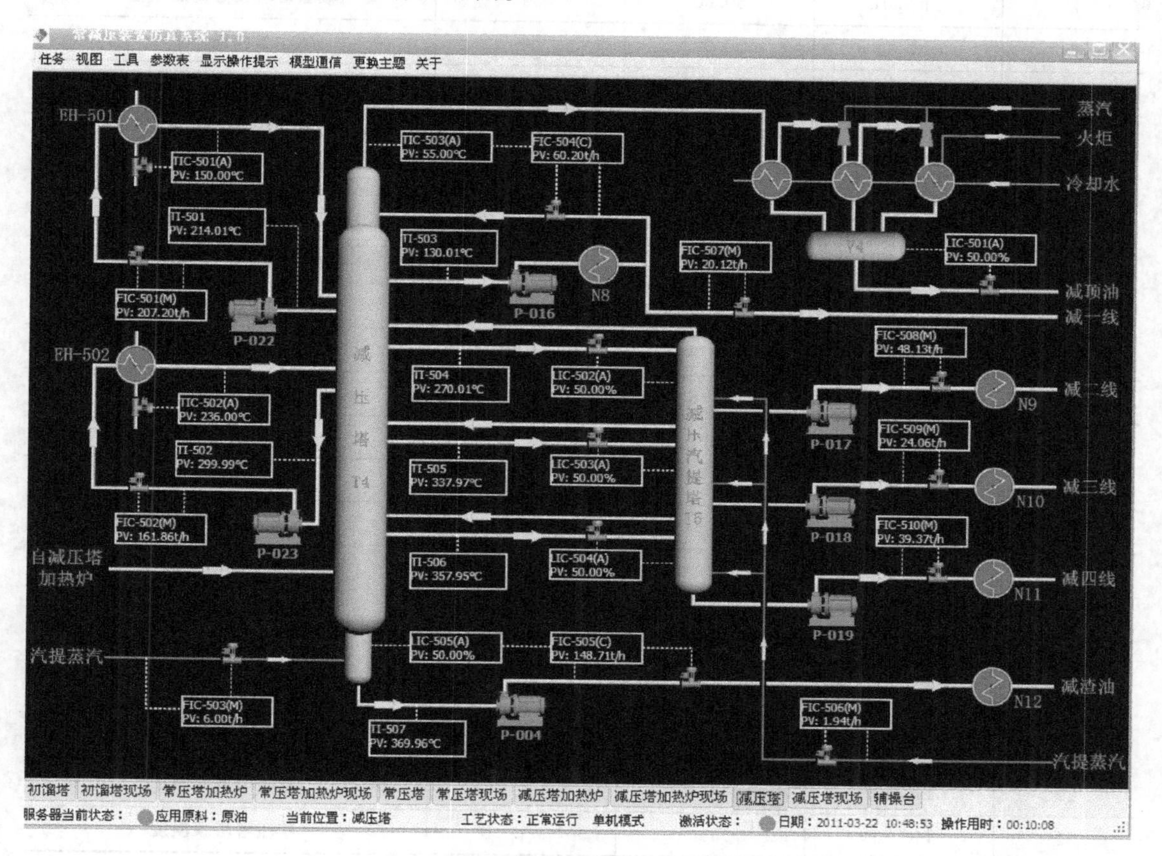

图 2-17 减压塔仿真 DCS 图

表 2-15 减压塔岗主要控制仪表

序号	1	2	3	4	5	6	7	8	9	10
仪表位号	LIC-505	LIC-501	LIC-502	LIC-503	LIC-504	FIC-401	FIC-402	FIC-403	FIC-404	FIC-501
仪表位置										
作用										

序号	11	12	13	14	15	16	17	18	19	20
仪表位号	FIC-502	FIC-505	FIC-507	FIC-508	FIC-509	FIC-510	TIC-402	TIC-401	TIC-501	TIC-502
仪表位置										
作用										

主要控制仪表的位号、正常值及说明见表 2-16。

表 2-16 减压塔岗主要控制仪表位号、正常值及说明

序号	位号	正常值	单位	说明
1	LIC-505	50.00	%	减压塔塔底液位
2	LIC-501	50.00	%	减压塔塔顶分离罐液位
3	LIC-502	50.00	%	减二线汽提塔液位
4	LIC-503	50.00	%	减三线汽提塔液位
5	LIC-504	50.00	%	减四线汽提塔液位
6	FIC-401	70.38	t/h	减压塔加热炉一路进料量
7	FIC-402	70.38	t/h	减压塔加热炉二路进料量
8	FIC-403	70.38	t/h	减压塔加热炉三路进料量
9	FIC-404	70.38	t/h	减压塔加热炉四路进料量
10	FIC-501	207.2	t/h	减一中循环量
11	FIC-502	161.8	t/h	减二中循环量
12	FIC-505	148.7	t/h	减渣油抽出量
13	FIC-507		t/h	减一线回流量
14	FIC-508	48.1	t/h	减二线抽出量
15	FIC-509	24.1	t/h	减三线抽出量
16	FIC-510	39.4	t/h	减四线抽出量
17	TIC-402	395	℃	减压塔加热炉出口温度
18	TIC-401	760	℃	减压塔加热炉炉膛温度
19	TIC-501		℃	减一中返回温度
20	TIC-502		℃	减二中返回温度
21	TIC-503	55	℃	减压塔塔顶温度

活动 3：减压塔操作。

登录常减压蒸馏装置仿真操作系统，进入减压塔正常操作界面，进行参数的正常调节，减压塔操作的主要工艺控制有温度、液面、真空度；温度、液面的调节与常压塔相似；减压塔与常压塔工艺参数调节的最大区别在于对减压塔塔顶的真空度需要进行控制和调节，以减压塔真空度调节为例分析异常现象的影响因素并进行正确调节见表 2-17。

表 2-17 减压塔塔顶压力影响因素及调节方法

序号	影响因素	调节方法
1	总蒸汽压力下降	联系锅炉提高蒸汽压力
2	蒸汽带水	加强蒸汽脱水
3	循环水压力下降	联系供排水调节水压
4	循环水温度高	联系供排水调节水温
5	减压塔塔顶水封破坏	减压塔塔顶罐给水建立水封
6	塔底吹汽量大	关小塔底吹汽

续表

序号	影响因素	调节方法
7	减压系统泄漏	找出泄漏处进行处理
8	减压加热炉出口温度高	降低炉出口温度
9	减压塔塔底液面过高	降低进油量,提高抽出量
10	减压塔塔顶温度过高	加大回流稳定减压塔塔顶温度
11	真空泵堵塞	停泵检查处理
12	真空表失灵	检修校正仪表
13	冷凝器结垢严重	检修处理

1. 减压塔的工艺特点是什么?
2. 减压蒸馏系统的主要控制温度点有哪些?
3. 减压蒸馏系统温度控制原则是什么?
4. 减压塔塔顶温度、侧线温度、塔底液面、塔顶压力如何控制?

任务五 加热炉操作

1. 了解加热炉的作用。
2. 认知加热炉结构。

经过初馏塔后的拔顶原油需要加热到360℃左右进入常压塔进行蒸馏，常压塔塔底重油需要加热到390℃左右进入减压塔进行蒸馏，加热过程中需要用到什么样的加热设备？

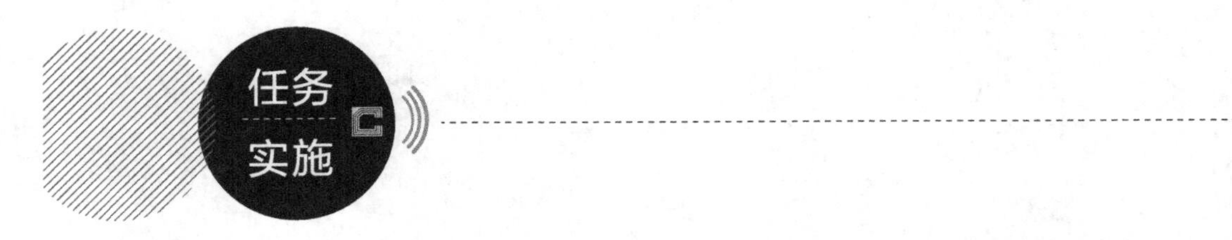

常减压蒸馏是在油品汽化和冷凝过程中进行的，加热炉的作用就是为油品的汽化提供热源，管式加热炉是一种火力加热设备，它利用燃料在炉膛内燃烧时产生的高温与烟气作为热源来加热炉管中高速流动的油品，使其达到工艺规定的温度，为蒸馏过程提供稳定的汽化量和热量。

活动：查阅加热炉的相关资料，完成表2-18。

表 2-18　加热炉结构

加热炉分类	结构

常减压装置中，一般采用的炉型是立式圆筒炉和方箱炉，其中圆筒加热炉结构如图 2-18 所示，主要设备有辐射室、对流室、烟囱、燃烧器、炉管、空气预热系统等。

1. 辐射室

辐射室又称燃烧室或称炉膛，是管式加热炉的核心，位于炉体的下部，为圆柱形的筒体，其外层是由钢板卷成的圆筒体，内层是隔热层即炉墙。隔热层主要有减少热量损失的作用，同时也保护了外层钢板及钢结构不受高温侵害。隔热层质量差或者损坏不仅热量损失大，还会导致外侧钢板变形甚至被炉内高温烧坏。

在辐射室内，沿炉墙一周是排成一圈的炉管，炉底有燃烧器呈圆形分布，加热炉供风系统的风道设置在炉底，由中心呈放射状通向每一个燃烧器。

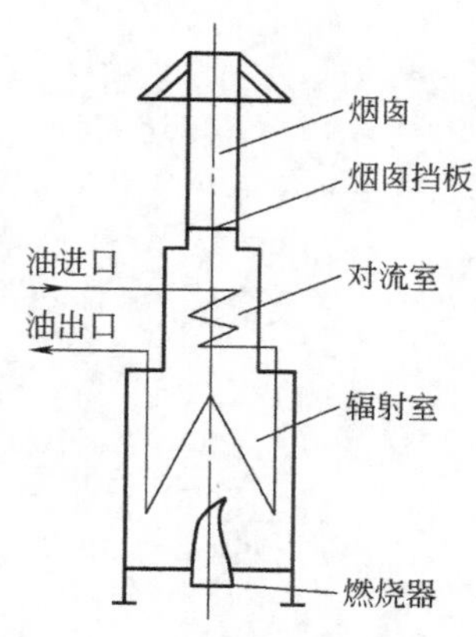

图 2-18　圆筒加热炉的结构

2. 对流室

在辐射室上面的长方形是对流室，其外壁结构与辐射室相同，对流室炉管一般为水平横排，为了提高供热效率，有些对流室外壁镶有钉头或翅片，这些钉头或翅片一般只在炉管的下侧有，这主要是因为上侧采用钉头或翅片容易积灰且不易消除，反而降低了传热效率。

3. 烟囱

对流室上面是烟囱，为碳钢卷成的圆筒状。烟囱产生抽力，使炉内烟气从烟囱排出，并保持炉膛处于负压状态。烟囱抽力的大小取决于烟气与大气之间的温差，还与烟囱的高度有关。温差越大，烟囱越高，抽力就越大。由于炉内烟气温度高于外界大气温度，炉内烟气密度小于大气密度，这就形成了空气进入炉内，使炉内烟气向上流动并从烟囱排入大气的动力。随着烟气的排出，炉内产生负压，促使炉外空气进入炉内。在满足抽力前提下，烟囱还要求有足够的高度，使烟气中的有害成分在高空处扩散，降低地面有害物质浓度，达到环保要求。烟囱的根部有一蝶阀称为烟道挡板，当烟道挡板的调节手柄与烟道方向一致时烟道全开，与烟道垂直时，烟道全关，其他位置烟道开度介于两者之间。为了防止在实际操作中自控失灵或误操作导致烟道挡板全关，威胁加热炉的安全，一般加热炉烟道挡板都有一个安全限位装置，其作用就是使烟道挡板达不到全关的状态。

4. 燃烧器

燃烧器是加热炉的重要部件，按其所用的燃料可分为气体燃烧器、液体燃烧器和油气联合燃烧器三种。按雾化方式不同分为蒸汽雾化燃烧器和机械雾化燃烧器。常减压装置由于燃料大多用重油及瓦斯，所以一般采用油气联合燃烧器。燃烧器的关键部件为喷嘴，一般加热炉采用蒸汽与油内混式喷嘴，在这种喷嘴中，燃油经中间油管通过，蒸汽在夹管外层通到喷管端的混合室后喷出圆锥形的油雾。目前国内加热炉使用的燃烧器大多为Ⅵ型油气联合燃烧器，其结构如图 2-19 所示。

立式油气联合燃烧器主要特点：

(1) 用于预热空气强制通风的燃烧系统，空气量易于控制。

(2) 可以油气混烧，也可以单独烧油或单独烧气，其雾化器用内混式蒸气雾化器。

(3) 操作弹性大，适应性强，在鼓风系统出现故障时可改用自然通风操作。

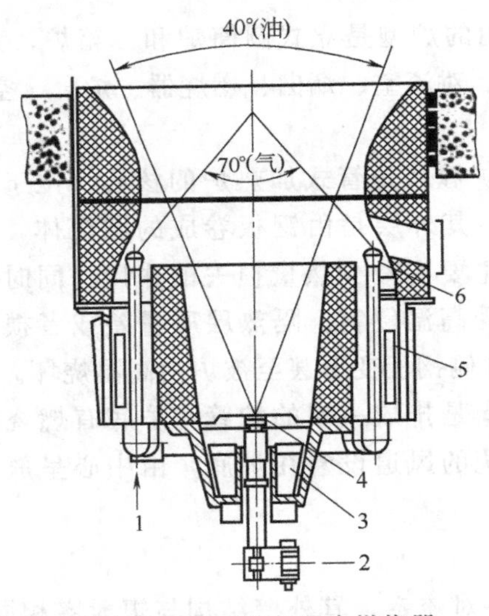

图 2-19 立式油气联合燃烧器

1—燃料气进口；2—燃料油雾化蒸气进口；3— 一次风门；4—油嘴；5—二次风门；6—气嘴

5. 炉管

由于炉管置于高温中，管内又有油品或其他介质，在温度、压力的联合作用下易被腐蚀，因此炉管材料应具有耐热、耐压和耐腐蚀的特点。目前国内常减压装置中加热炉辐射室一般为 Cr9Mo 合金钢管，对流室为 10＃优质碳钢管。在日常生产条件下，炉膛温度一般在 500℃以上，因此炉管内应时刻保持有一定流量的冷物料来吸收热量，确保炉管壁温不超过耐热指标。严防炉管内物料中断或超高温、超负荷运行，以免损坏炉管，酿成事故。

整个加热炉的炉管系统还包括连接直管之间的回弯头和支持炉管的管架。回弯头把相邻两直管连通，使油品流向逆转。在进出口处回弯头将炉管与物料进出管线相连。虽然回弯头处于高温区外部，但由于管内物料流向急剧改变，冲蚀严重，容易发生漏油着火。管架的作用是支撑炉管防止其受热弯曲变形。

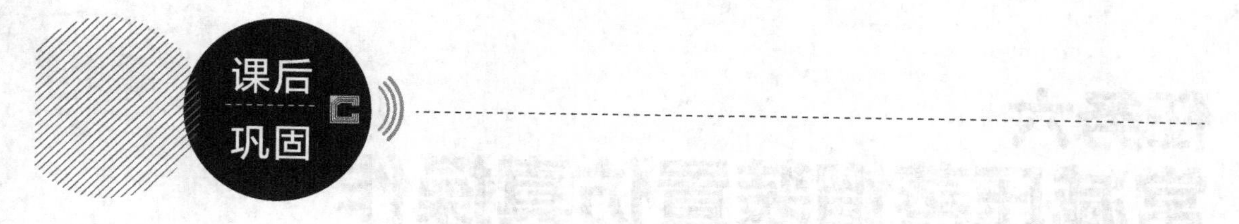

1. 加热炉的作用是什么？
2. 加热炉的结构包括哪几部分？
3. 查阅资料，简述提高炉子热效率降低燃料消耗的途径有哪些。

任务六 常减压蒸馏装置仿真操作

1.通过仿真操作掌握常减压蒸馏装置的开车、停车过程。

2.通过仿真操作会分析并且能够处理常减压蒸馏装置的故障。

常减压蒸馏过程的工艺操作参数主要包括温度、液面、压力，通过进行常减压蒸馏装置的开车、停车、故障处理的操作，进一步提高分析处理异常现象的能力。

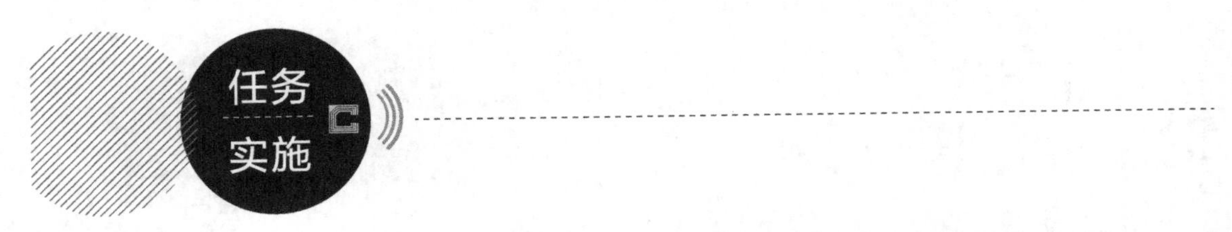

常减压蒸馏装置操作主要包括冷态开车、正常停车、紧急停车、故障处理四个部分，进行每一部分操作的过程中主要对温度、液面、压力三个工艺参数进行调节。

活动 1：根据操作规程进行 DCS 仿真系统的冷态开车操作，分析和处理操作过程中出现的异常现象，做好记录。

冷态开车操作主要为以下十个过程。

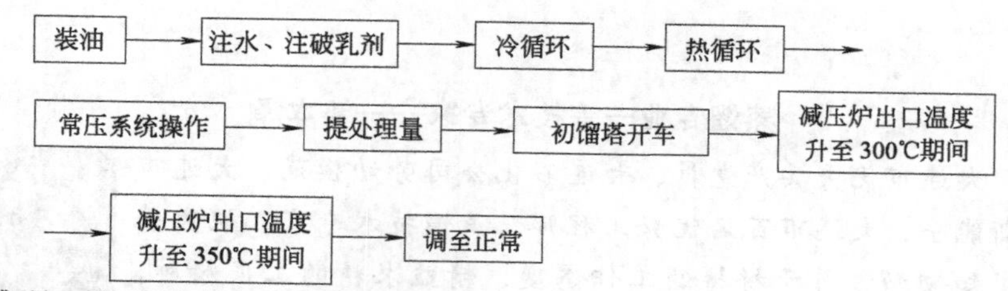

扫描二维码，学习冷态开车操作规程。

活动2：根据操作规程进行DCS仿真系统的停车操作，分析和处理操作过程中出现的异常现象，做好记录。

正常停车操作主要为以下六个过程。

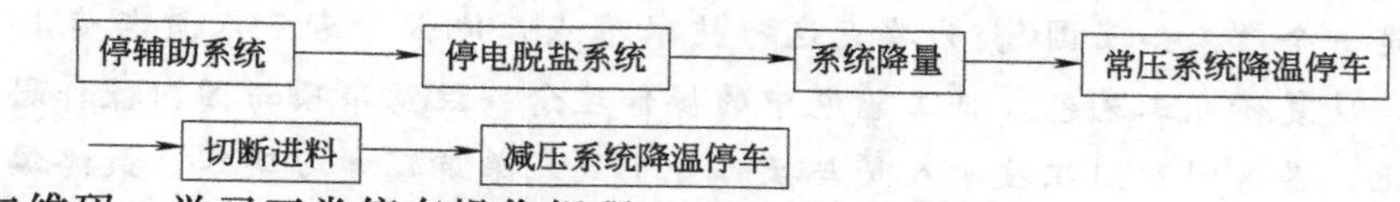

扫描二维码，学习正常停车操作规程。

活动3：常减压蒸馏装置事故——减压塔加热炉熄火，学生先写出事故的处理步骤，与操作规程比较、完善，进行事故的操作。

扫描二维码，学习事故——减压塔加热炉熄火规程。

活动4：两人一组同时登录DCS系统和VRS（虚拟现实系统）交互系统协作完成装置冷态开车仿真操作。

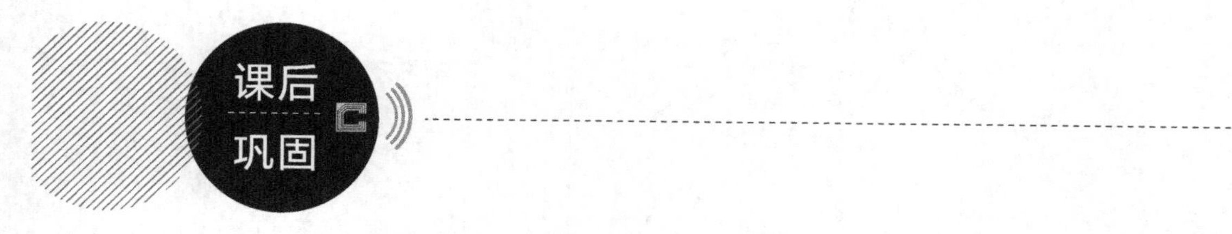

1. 常减压蒸馏过程的工艺操作参数有哪些？
2. 归纳总结常减压蒸馏仿真操作过程出现异常现象的原因，并写出调节方法。

拓展阅读

蒸馏专业一等技术专家——邹本泽

邹本泽，大连市优秀共产党员、大连石化公司劳动模范、大连市百名技术创新能手、大连市百名优秀工程师、蒸馏技术专家。他凭着苦学深钻的求知韧劲、勇于拼搏的工作态度、精益求精的工匠精神，为大连石化公司大蒸馏的开工做出了突出贡献。

大连石化公司生产新区第一套新建装置、国内最大的年产1000万吨常减压蒸馏联合装置，于2006年一次开车成功并投产运行。驾驭这套国内最大炼油装置的是生产新区的一批年轻人，其中的代表人物就是1000万吨/年常减压蒸馏联合装置的负责人邹本泽。该装置技术的先进性和复杂程度远远超过国内现有的常减压装置。作为新装置的负责人，邹本泽深知任务艰巨和责任重大。他面对困难，迎难而上，虚心求教，反复研究。装置的核心技术——减压深拔技术，对他们来说是一个"未知王国"。为攻克这一技术难点，他带领专业人员与专利商反复进行交流学习，反复研究工艺包，将工艺包中的操作理念、注意事项与国内操作思路、习惯进行反复对比，带着问题组织技术人员与操作骨干到兄弟炼厂学习实践，最终编写出专利商认可的减压深拔操作规范。新装置的加热炉控制与安全保护系统，精密而复杂，以前装置都没有，为能够消化理解并且最终熟练掌握，他很是下了一番功夫。看不懂的地方就反复请教设计人员和自控方面的技术专家，到国内先进装置企业学习请教，反复进行现场调试，熟练掌握了该系统的连锁和控制，并用通俗易懂的语言总结出了操作要点。

在装置开工那段日子里，邹本泽不知牺牲了多少休息时间，不知熬过了多少不眠之夜。他连续20多天昼夜坚守岗位，一直没有回家。装置正常运行后，邹本泽坚持每天巡检两次，观察管线设备仪表细致入微，从不放过一丝一毫的瑕疵和疑点。1000万吨/年常减压蒸馏联合装置在经过第一次停工检修后，再一次顺利地开车成功，产品质量和各项生产技术指标都达到国内同类装置领先水平。目前，整个装置正在满负荷地平稳运行。

模块三

催化裂化装置操作

原油经过一次加工（即常减压蒸馏）后只能得到10%～40%的汽油、煤油及柴油等轻质产品，其余的是重质馏分油和残渣油，而且某些轻质油品的质量也不高，例如直馏汽油的马达法辛烷值一般只有40～60。随着工业的发展，内燃机不断改进，对轻质油品的数量和质量提出了更高的要求。这种供求矛盾促使了炼油工业向原油二次加工方向发展，进一步提高原油的加工深度，得到更多的轻质油产品，增加产品的品种，提高产品的质量。而催化裂化是炼油工业中最重要的一种二次加工过程，在炼油工业中占有重要的地位。

任务一 工艺流程认知

1. 掌握催化裂化工艺原理。
2. 认知催化裂化装置主要设备及作用。
3. 能够绘制催化裂化工艺流程图。
4. 能依据工艺流程图描述工艺流程。

随着原油重质化的加剧，对轻质油品的需求旺盛，催化裂化工艺成为重油轻质化非常重要的手段。催化裂化装置一般由三部分组成，即反应再生系统、分馏系统和吸收稳定系统。

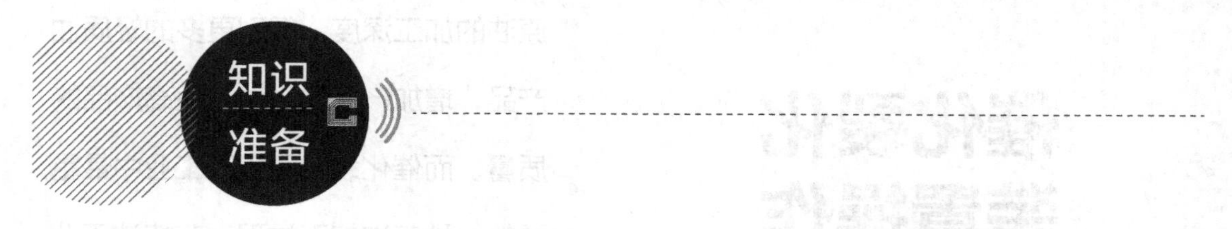

查阅重油轻质化的相关资料，完成表 3-1。

表 3-1 重油轻质化的手段

重油轻质化的手段	发生的主要变化

重质油转化为轻质油的方法，一是从大分子分解为较小的分子，主要依靠分解反应（热反应和催化反应）；二是从低 H/C 的组成转化成较高 H/C 的组成，主要包括脱碳（溶剂脱沥青、催化裂化、焦炭化等）和加氢（加氢裂化）。

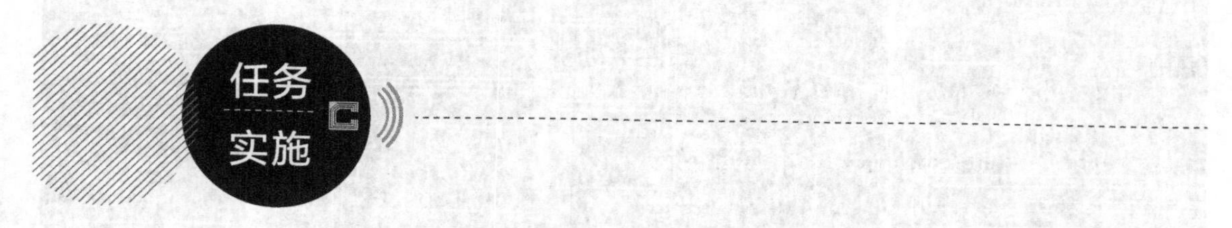

催化裂化是指原料油在适宜的温度、压力和催化剂存在的条件下，进行分解、异构化、氢转移、芳构化、缩合等一系列化学反应，转化成气体、汽油、柴油等主要产品及油浆、焦炭的生产过程，如图 3-1 所示。

活动 1：图 3-1 是催化裂化工艺流程图，根据工艺流程图说明催化裂化过程的加工环节、原料及产品，完成表 3-2。

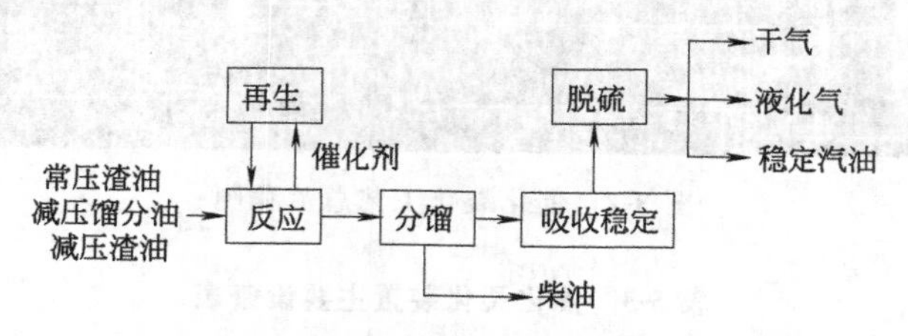

图 3-1 催化裂化生产工艺流程图

表 3-2 催化裂化的原料及产品

原料	产品	产品分布

催化裂化的原料油来源广泛，主要是常减压的馏分油、常压渣油、减压渣油及丙烷脱沥青油、蜡膏、蜡下油等。随着石油资源的短缺和原油的日趋变重，重油的催化裂化有了较快的发展，处理的原料可以是全常渣甚至是全减渣。在硫含量较高时，则需用加氢脱硫装置进行预处理后，提供给催化裂化作原料。

催化裂化过程具有轻质油收率高、汽油辛烷值较高、气体产品中烯烃含量高等特点。反应产物的产率与原料性质、反应条件及催化剂性能有密切的关系。在一般工业条件下，气体产率占10%～20%，其中主要是C_3、C_4，其中的烯烃含量可达50%左右；汽油产率占30%～60%，其研究法辛烷值为80～90，安定性也较好；柴油产率占0～40%，由于含有较多的芳香烃，其十六烷值较直馏柴油低，由重油催化裂化得到的柴油十六烷值更低，其安定性也较差；焦炭产率占5%～7%，原料中掺入渣油时的焦炭产率则更高，可达8%～10%，它沉积在催化剂表面，只能用空气烧去而不能作为产品。

活动2：根据催化裂化工艺总流程图3-2，完成表3-3。

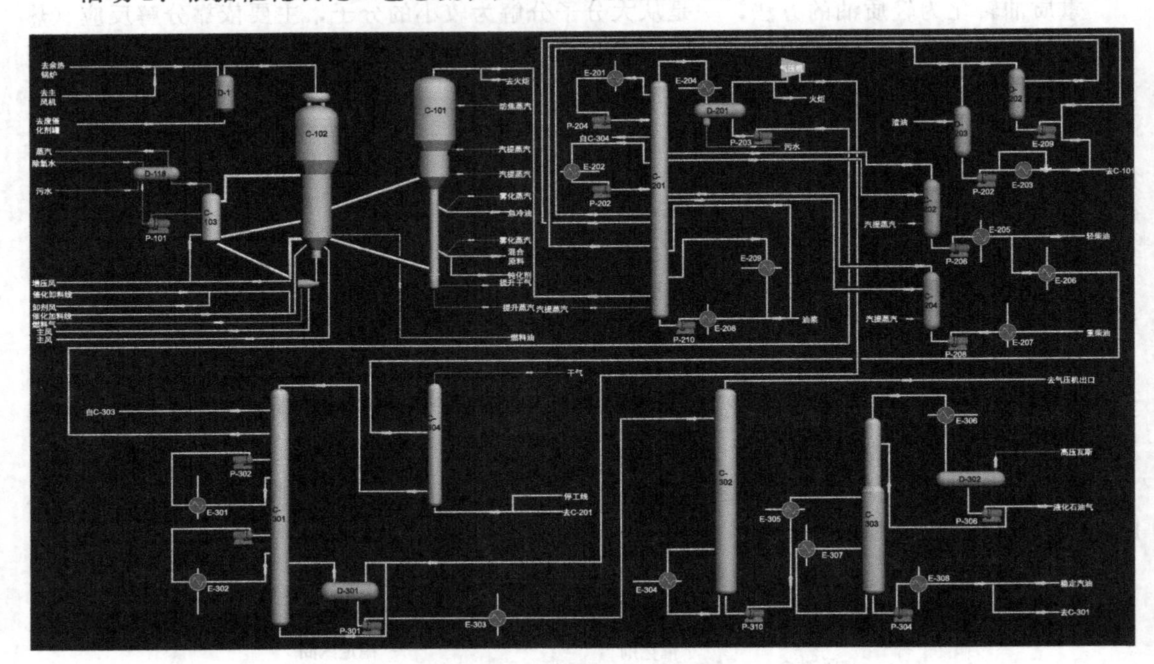

图3-2　催化裂化工艺总流程图

表3-3　催化裂化装置主要设备表

序号	设备名称	进入物料	流出物料	设备主要作用
1				
2				
3				
4				
5				
6				
7				

活动3：图3-2是催化裂化工艺总流程图，在A3图纸上绘制图3-2工艺总流程图，叙述工艺流程，写出几种主要物料的生产流程。学生互换A3图纸，在教师指导下根据“表3-4催化裂化工艺总流程图评分标准”进行评分，标出错误，进行纠错。

秦皇岛博赫科技开发有限公司以真实催化裂化工厂为原型，开发研制了虚拟化工仿真系统，其装置主要由反应再生系统、分馏系统、吸收稳定系统组成。登录催化裂化装置仿真系统软件，工艺总流程如图 3-2 所示。

新鲜原料（减压馏分油）与回炼油进入加热炉预热至 300～380℃（温度过高会发生热裂解），借助于雾化水蒸气，由原料油喷嘴以雾化状态喷入提升管反应器（C-101）下部（回炼油浆不经加热直接进入提升管），与来自再生器（C-102）的温度高达 650～700℃的催化剂接触后立即汽化，油气与雾化蒸气和预提升水蒸气以 7～8m/s 的速度携带催化剂沿提升管向上流动，同时进行化学反应，在 470～510℃停留 3～4s，以 13～20m/s 的高速度通过提升管出口，经过快速分离器，大部分催化剂被分出落入沉降器下部。油气和蒸气混合在一起的气体携带少量催化剂经两级旋风分离器分出夹带的催化剂后进入集气室，通过沉降器顶部出口进入分馏系统。

由沉降器顶部出来的高温反应油气进入催化分馏塔（C-201）下部，经装有挡板的脱过热段脱热后进入分馏段，经分馏得到富气、粗汽油、轻柴油、重柴油（也可以不出）、回炼油和油浆。塔顶的富气和粗汽油去吸收稳定系统；轻、重柴油分别经汽提、换热、冷却后出装置，轻柴油有一部分经冷却后送至再吸收塔作为吸收剂（贫吸收油），吸收了 C_3、C_4 组分的轻柴油（富吸收油）再返回分馏塔；回炼油返回提升管反应器进行回炼；塔底抽出的油浆即为带有催化剂细粉的渣油，一部分可送去回炼，另一部分作为塔底循环回流经换热后返回分馏塔脱过热段上方（也可将其中一部分冷却后送出装置）。

由分馏系统油气分离器出来的富气经气体压缩机升压后，冷却并分出凝缩油，压缩富气进入吸收塔底部，粗汽油和稳定汽油作为吸收剂由塔顶进入，吸收了 C_3、C_4（及部分 C_2）的富吸收油由塔底抽出送至解吸塔顶部。吸收塔设有一个中段回流以维持塔内较低的温度。吸收塔塔顶出来的贫气中夹带少量汽油，经再吸收塔用轻柴油回收其中的汽油组分后成为干气送燃料气管网；吸收了汽油的轻柴油从再吸收塔塔底抽出返回分馏塔。

写出干气的生产流程。

原料→________→________→________→________→________→干气

表 3-4　催化裂化工艺总流程图评分标准

序号	考核内容	考核要点	配分	评分标准	扣分	得分	备注
1	准备工作	工具、用具准备	5	工具携带不正确扣 5 分			
2	图纸评分	排布合理，图纸清晰	10	不合理、不清晰扣 10 分			
3		边框	5	格式不正确扣 5 分			
4		标题栏	5	格式不正确扣 5 分			
5		塔器类设备齐全	15	漏一项扣 5 分			
6		主要加热炉、冷换设备齐全	15	漏一项扣 5 分			
7		主要泵齐全	15	漏一项扣 5 分			
8		主要阀门齐全(包括调节阀)	15	漏一项扣 5 分			
9		管线	15	管线错误一条扣 5 分			
合　计			100				

活动4：“按图索骥”。根据图纸在智能化模拟工厂——催化裂化装置中查找主要工艺设备，分组对照工艺模型描述工艺流程（表述清楚设备名称及位置，管路内物料及流向，设备内涉及的化学变化、物料变化等）。在教师指导下根据“表3-5工艺流程描述评分标准”进行评分。

表3-5 工艺流程描述评分标准

序号	考核要点	配分	评分标准	扣分	得分	备注
1	设备位置对应清楚	20	出现一次错误扣5分			
2	物料管路对应清晰	30	出现一次错误扣5分			
3	设备内物料变化能够描述	20	出现一次错误扣5分			
4	物料流动顺序描述清晰	20	出现一次错误扣5分			
5	其他	10	语言流畅，描述清晰			
	合计	100				

活动5：在催化裂化装置现场图（图3-3）中，标注主要设备名称。

图3-3 催化裂化装置现场图

图3-3中，主要设备有加热炉、提升管反应器、再生器、分馏塔、吸收塔、解吸塔、再吸收塔、稳定塔等。

1. 催化裂化工艺主要由哪几部分构成？

2. 为什么催化裂化过程能居石油二次加工的首位，是目前我国炼油厂中提高轻质油收率和汽油辛烷值的主要手段？

3. 写出汽油的生产流程。

原料→________→________→________→________→________→________→汽油

任务二 反应再生系统操作

1. 了解催化裂化装置的发展。
2. 掌握催化裂化涉及的化学反应。
3. 掌握催化裂化催化剂的组成及作用。
4. 掌握反应再生系统设备结构、特点及作用。

催化裂化是重油轻质化的重要方法之一，由重质的馏分油变为汽油、柴油要伴随分子结构的变化，必然要发生化学反应，发生什么样的化学变化？需要用到什么设备？整个过程需不需要催化剂的参与？催化剂能否长时间保持活性？

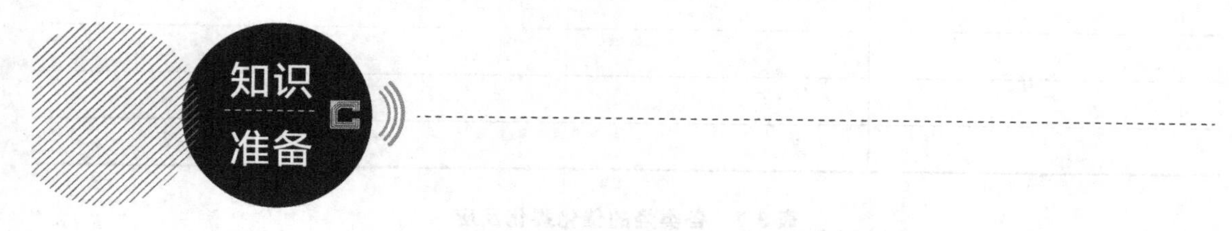

催化裂化反应可以用碳正离子反应机理解释，所谓碳正离子，是指表面缺少一对价电子的碳原子形成的烃离子，其形式如 $\mathrm{R{:}\overset{H}{\underset{H}{C^+}}}$　$\mathrm{R{:}\overset{R'}{\underset{R^*}{C^+}}}$ ，这些碳正离子不能自由存在，它只能吸附

在催化剂表面进行反应。碳正离子是催化剂与烯烃分子作用形成的，在酸性催化剂存在的情况下，生成碳正离子所需的能量比热裂解生成自由基要小得多（而在无催化剂条件下，热裂解过程是气相热反应，此时生成碳正离子所需能量比裂解成自由基又大得多，其结果是烃分子均匀断裂成自由基，遵循自由基反应机理），此时催化剂活性中心给出质子，使烯烃质子化生成碳正离子。碳正离子开始形成必须具备两个条件，一是要有烯烃（来源于原料或热裂解产物），二是要有给出质子的酸性催化剂。碳正离子形成后，其发生一连串平行-顺序反应，反应过程复杂，其反应主要特点如下：

（1）碳正离子的生成可以通过烯烃与质子反应结合生成，小的碳正离子与烯烃再结合，生成较大的碳正离子；

（2）碳正离子能自动异构化，伯碳离子能自动转化为仲碳，仲碳转化为叔碳，碳正离子稳定性顺序为：叔碳＞仲碳＞伯碳，最后生成异构化烃类；

（3）碳正离子与烃分子相遇，夺取烃分子的氢，生成新的碳正离子，形成链反应；

（4）碳正离子可以失去质子生成烯烃，此质子交还给催化剂酸性中心或给其他烯烃，生成新的碳正离子，自己成为烯烃产物；

（5）大的碳正离子分解，生成一个烯烃和一个小碳正离子，即进行裂化反应；

（6）碳正离子自身反应，发生环化反应。

催化裂化产品的数量和质量，取决于原料中的各种烃类在催化剂上所进行的反应，为了更好地控制生产，达到高产优质的目的，就必须了解催化裂化反应的实质、特点以及影响反应进行的因素。

活动 1：催化裂化中，会发生一系列复杂的平行和顺序反应，查阅资料，归纳总结催化裂化中会发生的化学反应种类和各类烃的化学反应，完成表 3-6 和表 3-7。

表 3-6　催化裂化过程中发生的反应种类

反应种类	反应式(举例)

表 3-7　各类烃的催化裂化反应

烃	反应式(举例)

续表

烃	反应式(举例)

一、催化裂化的化学反应种类

催化裂化过程中的化学反应并不是单一烃类裂化反应，而是多种化学反应同时进行。在催化裂化条件下，各种化学反应的快慢、多少和难易程度都不同。主要化学反应如下：

1. 裂化反应

裂化反应是催化裂化的主要反应，它的反应速度比较快，同类烃分子量越大，反应速度越快；烯烃比烷烃更易裂化；环烷烃裂化时，既能脱掉侧链，也能开环生成烯烃；芳烃环很稳定，单环芳烃不能脱甲基，只有三个碳以上侧链才容易脱掉。

2. 异构化反应

异构化反应是催化裂化的重要反应，它是在分子量大小不变的情况下，烃类分子发生结构和空间位置的变化。异构化反应可使催化裂化产品含有较多的异构烃，汽油异构烃含量高，辛烷值高。

3. 氢转移反应

氢转移反应即某一烃分子上的氢脱下来，加到另一个烯烃分子上，使这一烯烃分子得到饱和的反应。氢转移是催化裂化独有的反应，反应速度比较快，带侧链的环烷烃是氢的主要来源。氢转移不同于一般的氢分子参加的脱氢和加氢反应，它是活泼的氢原子从一个烃分子转移到另一个烃分子上去，使烯烃饱和，二烯烃变成单烯烃或饱和烃，环烷烃变成环烯烃进而变成芳烃，使产品安定性变好。氢转移的反应结果是一方面某些烯烃转换成烷烃，另一方面给出氢的化合物转化为芳烃和缩合成更大的分子甚至结焦，使生焦率提高。

氢转移反应是放热反应，需要高活性催化剂和低反应温度来获得较高反应速度。

4. 芳构化反应

芳构化反应是烷烃、烯烃环化生成环烷烃及环烯烃，然后进一步进行氢转移反应，放出氢原子，最后生成芳烃的反应过程。芳构化是催化裂化的重要反应之一，由于芳构化反应，催化汽油、柴油含芳烃量较多，也是催化汽油辛烷值较热裂解汽油辛烷值高的一个重要原因。

5. 叠合反应

叠合反应是在烯烃与烯烃之间进行的，其反应结果是生成大分子烯烃。

6. 烷基化反应

催化裂化过程中的烷基化反应有烯烃与芳烃的加合反应。

叠合反应和烷基化反应，在正常催化裂化操作条件下（500℃，常压)，这两个反应比例不大。

二、各类单体烃的催化裂化反应

1. 烷烃

主要是发生裂化反应，分解成较小分子的烷烃和烯烃，生成的烷烃可以继续分解成更小的分子。例如：

$$C_{16}H_{34} \longrightarrow C_8H_{16} + C_8H_{18}$$

烷烃裂化时多从中间的C—C键处断裂，而且分子越大越易断裂、异构烷烃的反应速度又比正构烷烃快。

2. 烯烃

（1）分解反应　裂化反应分解为两个较小分子的烯烃，烯烃的裂化反应速度比烷烃的大得多，大分子烯烃的裂化反应速度比小分子快，异构烯烃的裂化速度比正常烯烃快，例如：

$$C_{16}H_{32} \longrightarrow C_8H_{16} + C_8H_{16}$$

（2）异构化反应　烯烃的异构化反应有两种：一种是分子骨架结构的改变，正构烯烃变成异构烯烃；另一种是分子的双键向中间位置转移。例如：

$$CH_3—CH_2—CH_2—CH_2—CH═CH_2 \longrightarrow CH_3—CH_2—CH═CH—CH_2—CH_3 \quad \text{（位置异构）}$$

$$CH_3—CH_2—CH═CH_2 \longrightarrow CH_3—\underset{\underset{CH_3}{|}}{C}═CH_2 \quad \text{（骨架异构）}$$

（3）氢转移反应　环烷烃或芳香烃放出氢，使烯烃饱和而自身逐渐变成稠环芳烃，或烯烃之间发生氢转移，这类反应的结果是：一方面某些烯烃转化为烷烃，另一方面给出氢的化合物转化为芳烃或缩合成更大的分子。氢转移反应速度较低，需要活性较高的催化剂，反应温度高对氢转移不利。

（4）芳构化反应　烯烃环化并进一步脱氢成为芳香烃。例如：

$$CH_3—CH_2—CH_2—CH_2—CH═CH—CH_3 \longrightarrow \text{(甲基环己烷)} \longrightarrow \text{(甲苯)} + 3H_2$$

这一反应有利于汽油辛烷值的提高。

3. 环烷烃

环烷烃的环可断裂生成烯烃，烯烃再继续进行上述各项反应。环烷烃带有长侧链，则侧链本身会发生断裂生成环烷烃和烯烃；环烷烃可以通过氢转移反应转化为芳烃；带侧链的五元环烷烃可以异构化成六元环烷烃，并进一步脱氢生成芳烃。例如：

$$\text{(环己基)}—CH_2—CH_2—CH_3 \longrightarrow CH_3—CH_2—CH_2—CH═CH—CH_2—CH_2—CH_3$$

$$\text{(甲基环戊烷)} \longrightarrow \text{(环己烷)} \longrightarrow \text{(苯)} + 3H_2$$

4. 芳烃

多环芳烃的裂化反应速度很低，它们的主要反应是缩合成稠环芳烃，甚至生成焦炭，同时放出氢使烯烃饱和。

活动2：查阅资料，了解催化裂化催化剂的组成以及催化剂失活原因和再生方法，完成表3-8。

表3-8　催化剂组成及失活再生

催化剂组成	失活原因	再生方法

续表

催化剂组成	失活原因	再生方法

三、催化剂组成

催化裂化催化剂属于固体强酸催化剂（如图3-4所示），主要由分子筛、载体（担体）、黏结剂构成，主要成分由氧化铝、氧化硅及稀土、磷等改性元素组成。其中分子筛是催化剂强酸中心的主要来源。分子筛是具有晶格结构的硅铝酸盐，也称沸石，具有很大的比表面积，新鲜分子筛的比表面积为600～800m^2/g。它具有稳定的、均一的微孔结构，孔径大小为分子尺寸的数量级。分子筛在催化剂与原料分子接触过程中向原料分子提供强酸中心，催化剂酸性中心向不饱和烃提供质子或由饱和烃抽取负氢离子，并使原料分子形成碳正离子，然后碳正离子按其机理在催化剂表面进一步发生裂化、异构化、氢转移、环化等一系列复杂化学反应，最终将原料转化为所需的各类产品。

载体一般是低铝硅酸铝和高铝硅酸铝，可以提高分子筛的稳定性；储存和传递热量；增强催化剂的机械强度；降低催化剂成本等。对于重油催化裂化载体作用更为重要，先使大分子在载体表面适度裂化，生成的较小分子再进入分子筛继续反应；载体能容纳易生焦的重胶质、沥青质，对分子筛起保护作用。

图3-4　催化裂化催化剂

四、裂化催化剂失活原因

在反应再生过程中，裂化催化剂的活性和选择性不断下降，此现象称为催化剂的失活。裂化催化剂的失活原因主要有：高温或高温水蒸气的作用；裂化反应生焦；毒物的毒害。

1.水热失活

在高温，特别是有水蒸气存在的条件下，裂化催化剂的表面结构发生变化，比表面积减小、孔容减小，分子筛的晶体结构破坏，导致催化剂的活性和选择性下降。

无定形硅酸铝催化剂的热稳定性较差，当温度高于650℃时失活就很快。分子筛催化剂的热稳定性比无定形硅酸铝的要高得多，在高于800℃时，许多分子筛才开始有明显的晶体破坏现象发生。工业生产中，分子筛催化剂一般在<650℃时失活很慢，在<720℃时失活并不严重，但当温度>730℃时失活问题就比较突出了。

2. 结焦失活

催化裂化反应生成的焦炭沉积在催化剂的表面上，覆盖催化剂的活性中心，使催化剂的活性和选择性下降。随着反应的进行，催化剂上沉积的焦炭增多，失活程度也加大。

3. 毒物引起的失活

裂化催化剂的毒物主要是某些金属（铁、镍、铜、钒等重金属及钠）和碱性氮化合物。其中镍起着脱氢催化剂的作用，使催化剂的选择性变差，其结果是焦炭产率增大、液体产品产率下降、产品的不饱和度增加、气体中的氢含量增大；钒会破坏分子筛的晶体并使催化剂的活性下降。

碱金属和碱土金属以离子态存在时，可以吸附在催化剂的酸性中心上并使之中和，从而降低催化剂的活性。

五、裂化催化剂的再生

催化剂失活后，可以通过再生而恢复由于结焦而丧失的活性，但不能恢复由于结构变化及金属污染引起的失活。

裂化催化剂在反应器和再生器之间不断地进行循环，通常在离开反应器时催化剂（待生催化剂）上含碳约1%，须在再生器内烧去积炭以恢复催化剂的活性。对无定形硅酸铝催化剂，要求再生后的含碳量降至0.5%以下，对分子筛催化剂则一般要求降至0.2%以下，而对超稳Y分子筛催化剂则甚至要求降至0.05%以下。对一个催化裂化装置来说，裂化催化剂的再生过程决定着整个装置的热平衡和生产能力，因此，在研究催化裂化时必须十分重视催化剂的再生问题。

催化剂再生反应就是用空气中的氧烧去沉积的焦炭，再生反应的产物是CO_2、CO和H_2O。一般情况下，再生烟气中的CO_2/CO的比值在1.1～1.3。在高温再生或使用CO助燃剂时，此比值可以提高，甚至可使烟气中的CO几乎全部转化为CO_2。再生烟气中还含有SO_x（SO_2、SO_3）和NO_x（NO、NO_2）。由于焦炭本身是许多种化合物的混合物，主要是由碱和氢组成，故可以写成以下反应式：

$$C+O_2 \longrightarrow CO_2 \qquad \text{反应热：} 33873\text{kJ/(kg·℃)}$$

$$C+\frac{1}{2}O_2 \longrightarrow CO \qquad 10258\text{kJ/(kg·℃)}$$

$$H_2+\frac{1}{2}O_2 \longrightarrow H_2O \qquad 119890\text{kJ/(kg·℃)}$$

通常氢的燃烧速度比碳快得多，当碳烧掉10%时，氢已烧掉一半；当碳烧掉一半时，氢已烧掉90%。因此，碳的燃烧速度是确定再生能力的决定因素。

上面三个反应的反应热差别很大，因此，每千克焦炭的燃烧热因焦炭的组成及生成的CO_2/CO的比不同而异。在非完全再生的条件下，每千克焦炭的燃烧热在32000kJ左右。再生时需要供给大量的空气（主风），在一般工业条件下，每千克焦炭需要耗主风大约9～12m^3（标准态）。

从以上反应式计算出焦炭燃烧热并不是全部都可以利用的，其中应扣除焦炭的脱附热。

脱附热可按下式计算：

焦炭的脱附热＝焦炭的吸附热＝焦炭的燃烧热×11.5％

因此，烧焦时可利用的有效热量只有燃烧热的88.5％。

活动3：简要写出原料在催化剂表面进行反应的步骤。

外扩散：________

内扩散：________

吸附：________

表面反应：________

脱附：________

内扩散：________

外扩散：________

六、各烃类之间的竞争吸附和反应的阻滞作用

石油馏分的催化裂化反应是一个气固相的非均相催化反应，在反应器中，原料和产品是气相，而催化剂是固相，因此在催化剂表面进行裂化反应主要包括七个步骤（见图3-5）。

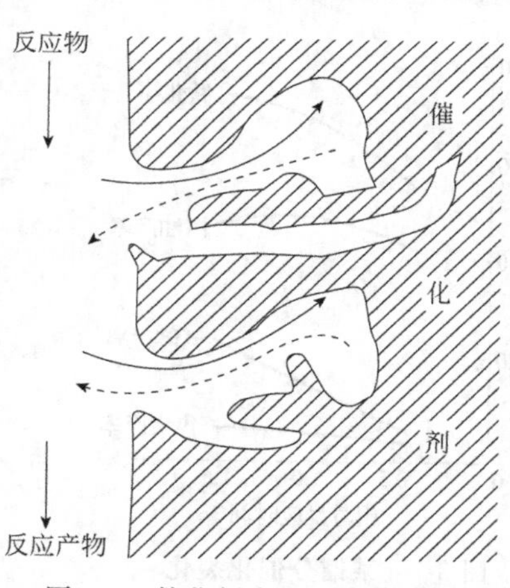

图3-5　催化剂表面裂化反应过程

（1）原料油分子由主气流扩散到催化剂表面；

（2）原料油分子沿催化剂微孔向催化剂的内部扩散；

（3）油气分子被催化剂内表面所吸附；

（4）油气分子在催化剂内表面进行化学反应；

（5）反应产物分子自催化剂内表面脱附；

（6）反应产物分子沿催化剂微孔向外扩散；

（7）反应产物分子扩散到主气流中。

反应物进行催化裂化的先决条件是原料油气扩散到催化剂表面上，并被其吸附，才可能进行反应。所以催化裂化反应的总速度是由吸附速度和反应速度共同决定的。

不同烃分子在催化剂表面上的吸附能力不同。大量实验证明，对于碳原子数相同的各族烃，吸附能力的大小顺序为：

稠环芳烃＞稠环环烷烃＞烯烃＞单烷基单环芳烃＞单环环烷烃＞烷烃

同族烃分子，分子量越大越容易被吸附。

如果按化学反应速度的高低进行排列，则大致情况如下：

烯烃＞大分子单烷基侧链的单环芳烃＞异构烷烃和环烷烃＞小分子单烷基侧链的单环芳烃＞正构烷烃＞稠环芳烃

综合上述两个排列顺序可知，石油馏分中的芳烃虽然吸附能力强，但反应能力弱，它首先吸附在催化剂表面上占据了相当的表面积，阻碍了其他烃类的吸附和反应，使整个石油馏分的反应速度变慢。对于烷烃，虽然反应速度快，但吸附能力弱，从而对原料反应的总效应不利。从而可得出结论：环烷烃有一定的吸附能力，又具有适宜的反应速度，因此可以认为，富含环烷烃的石油馏分应是催化裂化的理想原料，然而，实际生产中，这类原料并不多见。

七、石油馏分的催化裂化反应是复杂的平行-顺序反应

实验表明，石油馏分进行催化裂化反应时，原料向几个方向进行反应，中间产物又可继续反应，从反应工程观点来看，这种反应属于平行-顺序反应。原料油可直接裂化为汽油或气体，属于一次反应，汽油又可进一步裂化生成气体，这就是二次反应。如图 3-6 所示，平行-顺序反应的一个重要特点是反应深度对产品产率分布有重大影响。如图 3-7 所示，随着反应时间的增长，转化率提高，气体和焦炭产率一直增加，而汽油产率开始增加，经过一最高点后又下降。这是因为到一定反应深度后，汽油分解为气体的速度超过了汽油的生成速度，亦即二次反应速度超过了一次反应速度。催化裂化的二次反应是多种多样的，有些二次反应是有利的，有些则不利。例如，烯烃和环烷烃氢转移生成稳定的烷烃和芳烃是我们所希望的，中间馏分缩合生成焦炭则是不希望的。因此在催化裂化工业生产中，对二次反应进行有效的控制是必要的。另外，要根据原料的特点选择合适的转化率，这一转化率应选择在汽油产率最高点附近。如果希望有更多的原料转化成产品，则应将反应产物中的沸程与原料油沸程相似的馏分与新鲜原料混合，重新返回反应器进一步反应。这里所说的沸程（沸点范围）与原料油沸程相当的那一部分馏分，工业上称为回炼油或循环油。

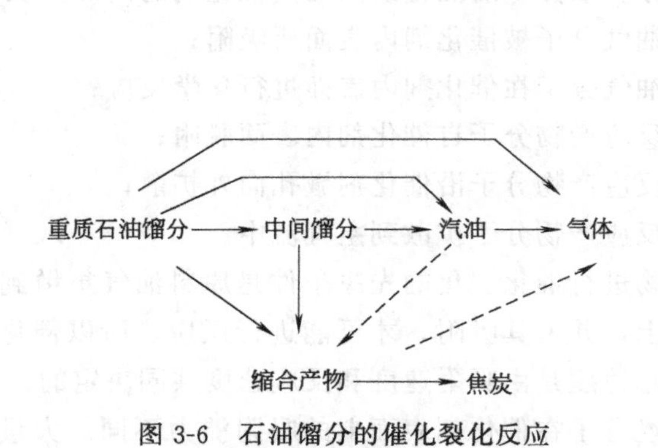

图 3-6　石油馏分的催化裂化反应

（虚线表示不重要的反应）

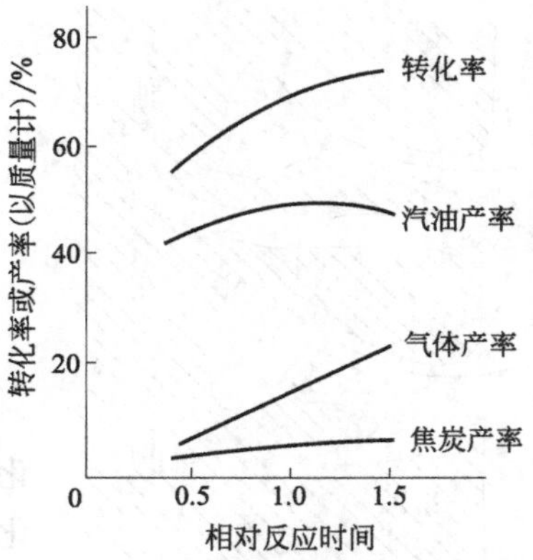

图 3-7　某馏分催化裂化

（转化率＝气体、汽油、焦炭产率之和）

活动 4：查阅资料，完成表 3-9 催化裂化装置发展。

表 3-9　催化裂化装置发展

装置名称				
优缺点				

八、工业催化裂化装置

工业催化裂化装置必须包括反应和再生两个部分，主要包括四种反应器：固定床反应

器、移动床反应器、流化床反应器和提升管反应器（见图 3-8）。

1. 固定床反应器

预热后的原料进入反应器内进行反应，通常只经过几分钟到十几分钟，催化剂的活性就因表面积炭而下降，此时停止进料，用水蒸气吹扫后，通入空气进行再生。因此反应和再生是轮流间歇地在同一个反应器内进行。

2. 移动床反应器

反应和再生是分别在反应器和再生器内进行的。原料油与催化剂同时进入反应器的顶部，它们互相接触，一面进行反应，一面向下移动。当它们移动至反应器的下部时，催化剂表面上已沉积了一定量的焦炭，于是油气从反应器的中下部导出，而催化剂则从底部下来，再由气升管用空气提升至再生器的顶部，然后，在再生器内向下移动的过程中进行再生。再生过的催化剂经另一根气升管又提升至反应器。

3. 流化床反应器

其反应和再生也是分别在两个设备中进行，其原理与移动床相似，只是在反应器和再生器内，催化剂与油气形成与沸腾的液体相似的流化状态。为了便于流化，催化剂制成直径为 20～100μm 的微球。

4. 提升管反应器

自 20 世纪 60 年代以来，为配合高活性的分子筛催化剂，流化床反应器又发展为提升管反应器。

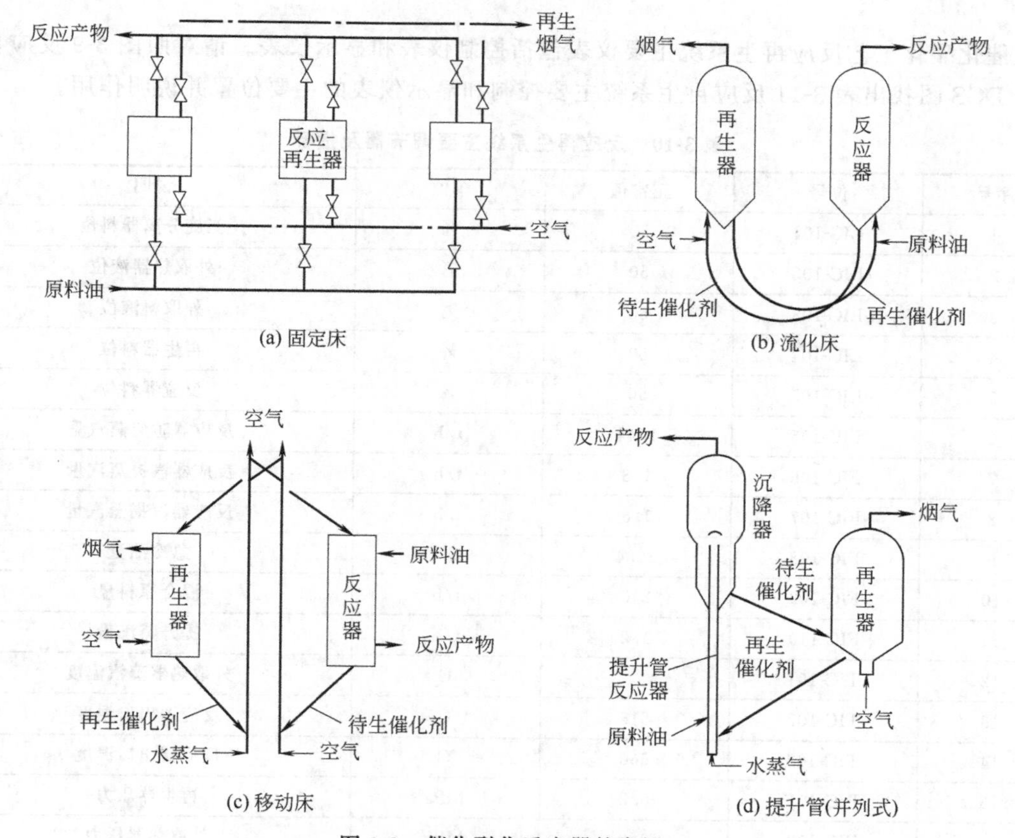

图 3-8　催化裂化反应器的发展

活动 5：绘制带控制点反应再生系统的工艺流程图，并进行反应再生系统操作。

在图 3-9 中找出催化裂化装置反应再生系统控制仪表，完成表 3-10 反应再生器主要控制仪表。在 A4 图纸上绘制反应再生系统 PID 图。

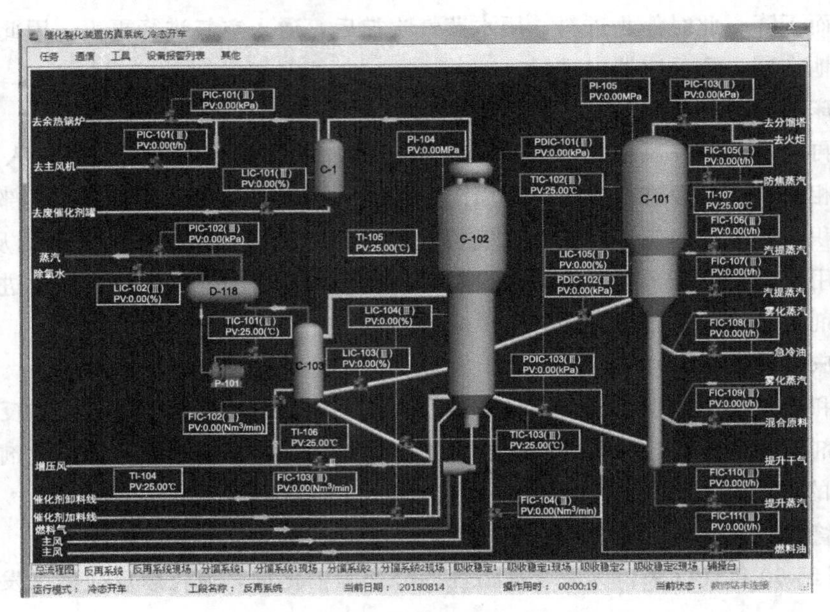

图 3-9　催化裂化反应再生系统 DCS 图

催化裂化工艺反应再生系统主要仪表包括控制仪表和显示仪表。请对照图 3-9 反应再生系统 DCS 图找出表 3-11 反应再生系统主要控制和显示仪表的主要位置并说明作用。

表 3-10　反应再生系统主要调节器及指标

序号	位号	正常值	单位	说明
1	LIC-101	50	%	三旋分离器料位
2	LIC-102	50	%	外取热器液位
3	LIC-103	50	%	外取料液位
4	LIC-104	50	%	再生器料位
5	LIC-105	50	%	反应器料位
6	FIC-105	1.44	t/h	反应器防焦蒸汽量
7	FIC-106	1.8	t/h	反应器汽提蒸汽量
8	FIC-107	1.8	t/h	反应器汽提蒸汽量
9	FIC-108	32.4	t/h	急冷油量
10	FIC-109	210	t/h	混合原料量
11	FIC-110	1.2	t/h	提升蒸汽量
12	TIC-101		℃	外取热器蒸汽温度
13	TIC-102	515	℃	反应器出口温度
14	TIC-103	660	℃	反应器出口温度
15	PIC-101	0.2	MPa	再生器压力
16	PIC-102	3.9	MPa	外取热器压力

续表

序号	位号	正常值	单位	说明
17	PIC-103	0.18	MPa	反应器压力
18	PDIC-101	0.03	MPa	再生器-反应器压差
19	TI-104	<500	℃	卸催化剂管线温度显示
20	TI-105	690	℃	再生器床层温度
21	TI-106	200	℃	外取热器取热后的温度
22	TI-107		℃	反应器反应后的温度

表 3-11　反应再生系统主要控制和显示仪表

序号	1	2	3	4	5	6	7	8	9	10
仪表位号	LIC-101	LIC-102	LIC-103	LIC-104	LIC-105	FIC-105	TI-104	FIC-109	FIC-110	TIC-101
仪表位置										
作用										
序号	11	12	13	14	15	16	17	18	19	20
仪表位号	TIC-102	TIC-103	PIC-101	PIC-102	PIC-103	PDIC-101	TI-105	FIC-108	TI-106	TI-107
仪表位置										
作用										

反应再生系统的正常操作主要是对温度、压力、汽提蒸汽流量和反应深度的控制。对反应器出口温度 TIC-102 进行控制，分析异常现象的影响因素并进行正确调节，见表 3-12。

表 3-12　反应再生系统变量影响因素及调节方法

位号	正常值	异常值	影响因素	调节方法
TIC-102	515℃	460℃		

反应再生系统的主要任务是完成原料油的转化。原料油通过反应器与催化剂接触后反应，不断输出反应产物，催化剂则在反应器和再生器之间不断循环，在再生器中通入空气烧去催化剂上的积炭，恢复催化剂的活性，使催化剂能够循环使用。烧焦放出的热量以催化剂为载体，不断带回反应器，供给反应所需的热量，过剩热量由专门的取热设施取出加以利用。

1. 提升管反应器

提升管反应器是催化裂化反应进行的场所，是催化裂化装置的关键设备之一。在流化过程中，当气速高于带出速度，固体颗粒便被带出。被带出的颗粒沿提升管向上运动，若提升管作为反应设备就称为提升管反应器。常见的提升管反应器如图 3-10 所示。

进料口以下的一段称为预提升段，作用是：由提升管底部吹入水蒸气（称预提升蒸汽），使出再生斜管的再生催化剂加速，以保证催化剂与原料油相遇时均匀接触。

为使油气在离开提升管后立即终止反应，提升管出口均设有快速分离装置，使油气与大部分催化剂迅速分开。快速分离器的类型很多，常用的有：伞帽型、倒 L 型、T 型、粗旋风分离器、弹射快速分离器和垂直齿缝式快速分离器，如图 3-11（a）～（f）所示。

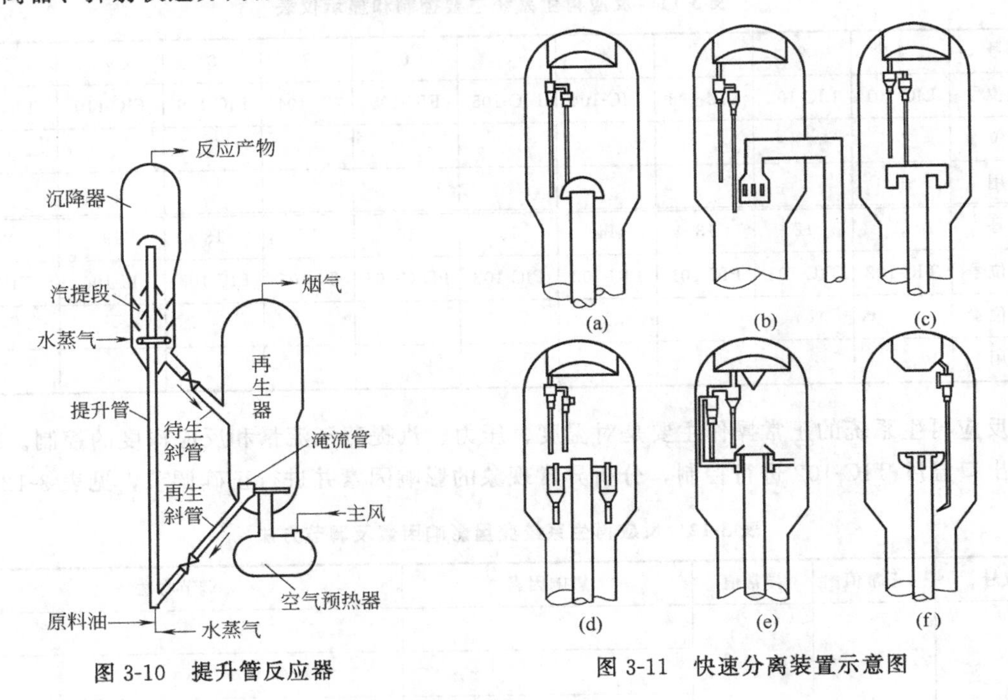

图 3-10　提升管反应器

图 3-11　快速分离装置示意图

2. 沉降器

沉降器是用碳钢焊制成的圆筒形设备，用来分离来自提升管的油气和催化剂，一般位于提升管顶，如图 3-12 所示。上段为沉降段，下段为汽提段。沉降段内装有数组旋风分离器，顶部是集气室并开有油气出口。沉降器多用直筒形，直径大小根据气体（油气、水蒸气）流率及线速度决定，沉降段线速度一般不超过 0.5～0.6m/s。沉降段的高度由旋风分离器料舱压力平衡所需料腿长度和所需沉降高度确定，通常为 9～12m。

汽提段的尺寸一般由催化剂循环量以及催化剂在汽提段的停留时间决定，停留时间一般是 1.5～3min。

3. 再生器

再生器是催化裂化装置的重要工艺设备，为催化剂再生提供场所和条件。

催化剂与反应油气经过提升管内的接触反应后，催化剂的活性中心被焦炭覆盖，严重影响了催化剂的活性。所以在再生器中通入空气烧去催化剂上的积炭，恢复催化剂的活性，使催化剂能够循环使用。烧焦放出的热量又以催化剂为载体，不断带回反应器，供给反应所需的热量，过剩热量由专门的取热设施取出加以利用。再生器的结构形式和操作状况直接影响烧焦能力和催化剂损耗，是决定整个装置处理能力的关键设备。再生器结构如图 3-13 所示。

图 3-12 沉降器及内部旋风分离器外观

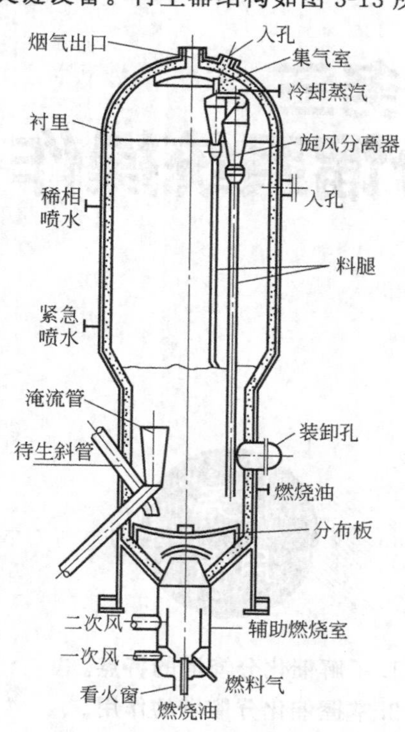

图 3-13 再生器结构示意图

课后巩固

1. 催化裂化装置处理的原料主要有______、______、______等；产品有______、______、______和液化气。

2. 催化裂化的化学反应主要有______、______、异构化反应、______和缩合反应。

3. 催化裂化反应所用的催化剂主要有______、______，其中催化剂活性、选择性、对热稳定性等性能均优于______。

4. 分子筛催化剂是由______和一定量的分子筛所构成，其催化活性中心是______。

5. 催化裂化工艺流程主要包括______、______、______和烟气能量回收系统。

6. 分子筛催化剂的载体是什么？它的作用是什么？

7. 催化裂化反应-再生系统的影响因素有哪些？

任务三 分馏系统操作

1. 了解催化分馏塔的特点。
2. 掌握催化分馏塔的作用。

催化裂化的产品有干气、液化气、汽油、柴油等，如何将这些产品进行有效的分离，工业常采用分馏的方法，分馏塔与一般的精馏塔有什么异同点？分馏塔有什么样的结构和特点？

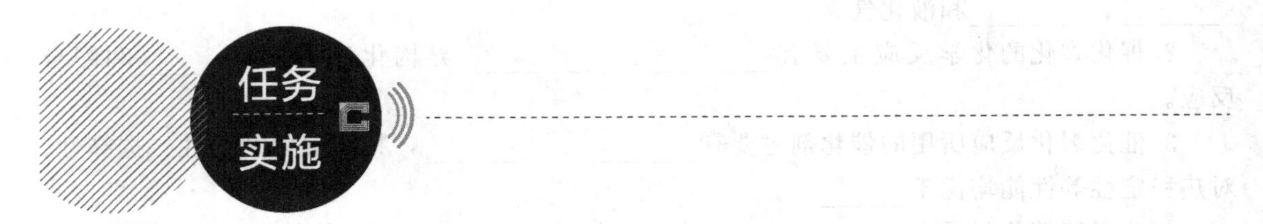

催化分馏塔是根据各组分沸点的不同，将反应油气分离成富气、粗汽油、轻柴油、回炼油、油浆，并保证汽油干点、轻柴油凝固点和闪点合格。

活动 1：查阅相关资料，总结催化裂化分馏塔与普通分馏塔的异同点，完成表 3-13。

表 3-13 催化裂化分馏塔与普通分馏塔的异同点

序号	相同点	不同点
1		
2		
3		
4		
5		

从反应器来的反应油气自底部进入分馏塔，经底部的脱过热段后在分馏段分离成几个中间产品：塔顶为粗汽油及富气，侧线为轻柴油、重柴油和回炼油，塔底为油浆。轻柴油和重柴油分别经汽提后，再经换热、冷却后出装置。

炼厂中的催化裂化装置使用的分馏塔分为板式塔和填料塔两种，其中最常用的是浮阀式板式塔。

与一般分馏塔相比，催化裂化分馏塔（见图 3-14）有以下特点：

（1）过热油气进料。分馏塔的进料是由沉降器来的 460～480℃的过热油气，并夹带有少量的催化剂细粉。为了创造分馏的条件，必须先把过热油气冷至饱和状态并洗去夹带的催化剂细粉，防止在分馏时堵塞塔盘。为此，在分馏塔下部设有脱过热段，其中装有人字形挡板，由塔底抽出油浆经换热、冷却后返回挡板上方与向上的油气逆流接触换热，达到冲洗粉尘和脱过热的目的。

（2）由于全塔剩余热量多（由高温油气带入），催化裂化产品的分馏精确度要求也不高，设置了 4 个循环回流分段取热。

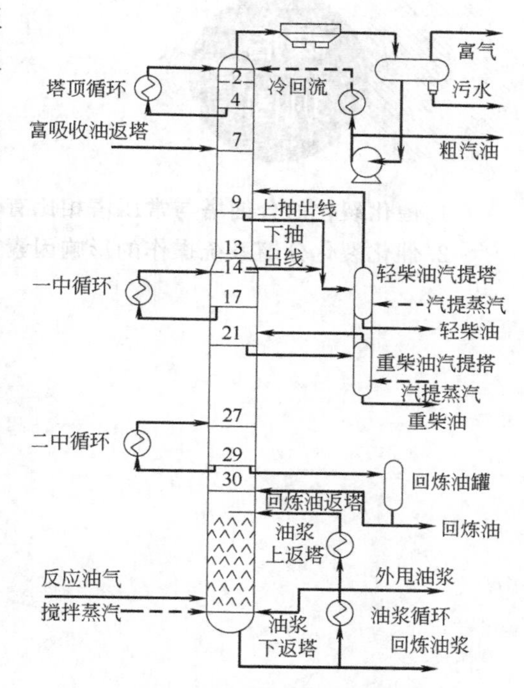

图 3-14 催化裂化分馏塔

（3）塔顶采用循环回流，而不用冷回流。主要原因是：①进入分馏塔的油气中含有大量惰性气和不凝气，若采用冷回流会影响传热效果或加大塔顶冷凝器的负荷；②采用循环回流可减少塔顶流出油气量，进而降低分馏塔塔顶至气压机入口的压力降，使气压机入口压力提高，可降低气压机的动力消耗；③采用顶循环回流可回收一部分热量。

活动 2：分馏塔操作。

登录催化裂化仿真操作系统，进入催化分馏塔操作界面，进行参数的正常调节，找出分馏塔的主要工艺控制参数，见表 3-14。

表 3-14 常压塔操作的主要工艺控制参数

序号	工艺参数
1	塔底液面

续表

序号	工艺参数
2	油浆固体含量
3	原料缓冲液位
4	回炼油罐液面
5	分馏塔塔顶油气分离器液面
6	分馏塔塔顶油气分离器脱水包界位
7	分馏塔塔顶温度
8	分馏塔塔顶压力

1. 催化裂化的分馏塔与常压塔相比有何异同点?
2. 催化裂化分馏系统操作的影响因素有哪些?

任务四
吸收稳定系统操作

1. 了解吸收稳定系统特点。
2. 掌握吸收稳定系统各设备的作用。

从分馏塔分离出来的产品夹带较多，如：富气中带有汽油，汽油中带有液化气，如何将它们进一步分离？在此过程中需要用到哪些设备？每一种设备的作用是什么？

从分馏塔塔顶油气分离器出来的富气中带有汽油组分，而粗汽油中又溶有 C_3、C_4 甚至 C_2 组分，因此吸收稳定系统的作用：利用吸收和精馏的方法将富气和粗汽油分离成干气（$\leqslant C_2$）、液化气（C_3、C_4）和蒸气压合格的稳定汽油。

活动 1：根据催化裂化吸收稳定系统的工艺流程图 3-15，完成表 3-15。

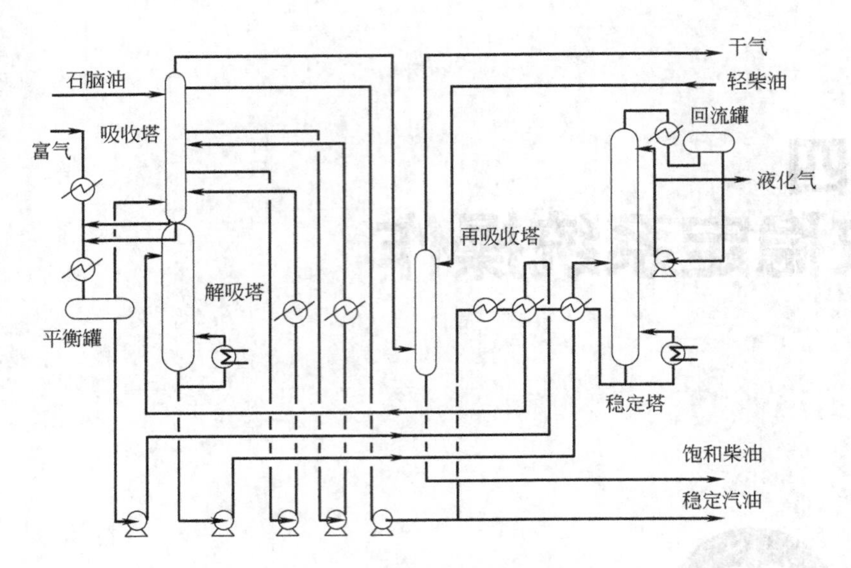

图 3-15　吸收稳定系统的工艺流程

表 3-15　吸收稳定系统主要设备表

序号	设备名称	设备主要作用
1		
2		
3		
4		

1. 吸收塔

富气经气压机升压、冷却并分出凝缩油后，由底部进入吸收塔；稳定汽油和粗汽油则作为吸收液由塔顶进入，将富气中的 C_3、C_4（含少量 C_2）等吸收后得到富吸收油。吸收塔顶部出来的贫气中夹带有少量稳定汽油，可经再吸收塔用柴油回收其中的汽油组分后成为干气，送出装置。

2. 解吸塔

解吸塔的作用是通过加热将富吸收油中 C_2 组分解吸出来，由塔顶引出进入中间平衡罐，塔底为脱乙烷汽油被送至稳定塔。富吸收油和凝缩油均进入解吸塔，使其中的气体解吸后，从塔顶返回凝缩油沉降罐，塔底的未稳定汽油送入稳定塔。

3. 再吸收塔

吸收塔塔顶出来的贫气中尚夹带少量汽油，经再吸收塔用轻柴油回收其中的汽油组分后成为干气送燃料气管网。吸收了汽油的轻柴油由再吸收塔塔底抽出返回分馏塔。

4. 稳定塔

稳定塔其实是一精馏塔，其目的是将汽油中 C_4 以下的轻烃脱除，在塔顶得到液化石油气（简称液化气），塔底得到合格的汽油——稳定汽油。

课后巩固

1. 催化裂化装置的吸收稳定系统由______塔、______塔、______和再吸收塔组成。
2. 简述吸收稳定系统每个塔的作用。

任务五
催化裂化装置仿真操作

1. 掌握催化裂化装置仿真操作的开车、停车过程。
2. 会分析并且能够处理催化裂化装置仿真操作的故障。

催化裂化过程的工艺操作参数主要包括温度、压力、汽提蒸汽量和反应深度，通过进行催化裂化装置的开车、停车、故障处理的操作，进一步提高分析处理异常现象的能力。

催化裂化装置操作主要包括冷态开车、正常停车、紧急停车、故障处理四个部分，在每一部分操作的过程中主要对温度、液面、压力三个工艺参数进行调节。

活动 1：根据操作规程进行 DCS 仿真系统的冷态开车操作，分析和处理操作过程中出现的异常现象，做好记录。

冷态开车操作主要为以下六个过程。

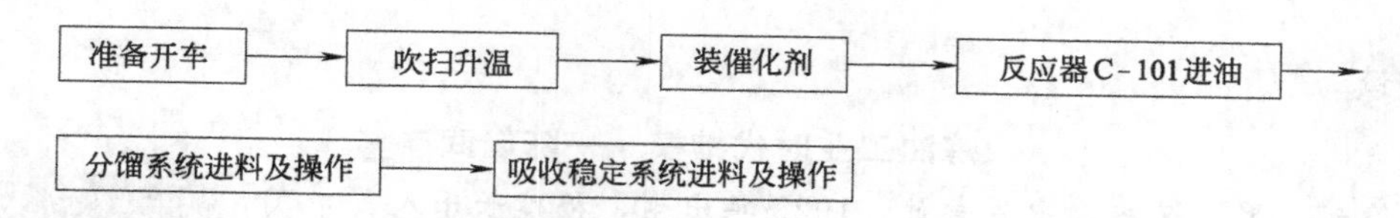

扫描二维码，学习冷态开车操作规程。

活动2：根据操作规程进行DCS仿真系统的停车操作，分析和处理操作过程中出现的异常现象，做好记录。

正常停车操作主要为以下六个过程。

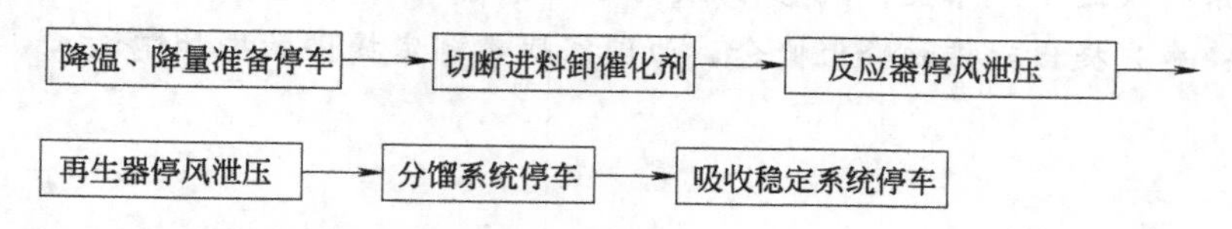

扫描二维码，学习正常停车操作规程。

活动3：催化裂化装置事故一——气压机故障、事故二——外取热器给水泵故障，学生先写出事故的处理步骤，与操作规程比较，完善进行事故处理的操作。

扫描二维码，学习催化裂化装置事故处理操作规程。

活动4：两人一组同时登录DCS系统和VRS交互系统协作完成装置冷态开车仿真操作。

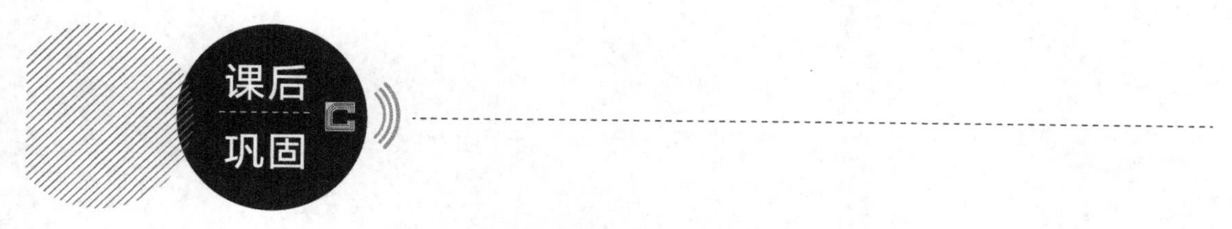

1. 催化裂化的工艺操作参数有哪些？
2. 归纳总结操作过程出现异常现象的原因，写出调节方法。

拓展阅读

炼油工业时代楷模——陈俊武

陈俊武，男，汉族，中共党员，1927年出生，福建长乐人，中国科学院院士，中国石化集团公司科技委顾问，中石化广州（洛阳）工程公司技术委员会名誉主任，中国炼油工程技术专家。

陈俊武被誉为我国催化裂化工程技术的奠基人，与炼油工业的多项“共和国第一”息息相关。我国70%汽油通过催化裂化技术加工而成，从依靠“洋油”到成为炼油技术强国，陈俊武功不可没。他主持完成国内首套年产60万吨催化裂化装置自主开发与设计，主持完成同轴式催化裂化、常压渣油催化裂化等国家重点攻关课题，为我国催化裂化装置总加工能力跃居世界第二做出开创性贡献；荣获国家技术发明一等奖，两度获得国家科技进步一等奖；92岁仍致力于石油补充与替代研究，出版《石油替代综论》等专著；率先提出碳排放峰值概念，为国家战略制定提供数据和建议。

模块四

加氢裂化装置操作

加氢裂化是加氢和催化裂化过程的有机结合，能够使重质油品通过催化裂化将大分子裂化为小分子生成汽油、煤油和柴油等轻质油品，又可以防止生成大量的焦炭，还可以将原料中的硫、氮、氧等杂质脱除，并使烯烃饱和。加氢裂化装置主要由原料罐、反应器、分离器等部分组成。

任务一 工艺流程认知

1. 掌握加氢裂化工艺原理。
2. 认知加氢裂化装置主要设备及作用。
3. 能够绘制加氢裂化工艺流程图。
4. 能依据工艺流程图描述工艺流程。

加氢裂化为石油加工的一个重要过程，对提高原油加工深度、合理利用石油资源、改善产品质量、提高轻质油收率及减少大气污染都具有重要意义。现今随着原油质量日益变差，市场和环境对优质的中间馏分油需求越来越多，加氢裂化更显重要。

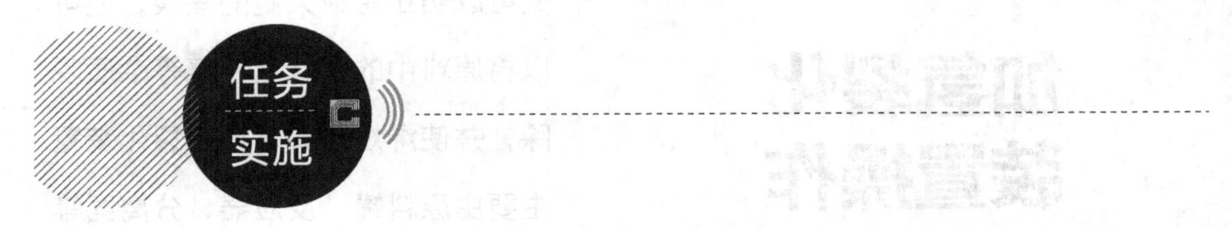

加氢裂化是在较高的温度和压力下，氢气经催化剂作用使重质油发生加氢、裂化和异构化反应，转化为轻质油的加工过程。加氢裂化与催化裂化不同的是在进行催化裂化反应时，同时伴随有烃类加氢反应，加氢裂化具有轻质油收率高、产品饱和度高、杂质含量少的特点。

活动 1：根据加氢裂化工艺总流程图 4-1，完成表 4-1 加氢裂化装置主要设备表。

表 4-1　加氢裂化装置主要设备表

序号	设备名称	流入物料	流出物料	设备主要作用
1				
2				
3				
4				
5				
6				
7				
8				

活动 2：图 4-1 是加氢裂化工艺总流程 DCS 图，在 A3 图纸上绘制图 4-1 工艺总流程图，叙述工艺流程，写出柴油的生产流程。学生互换 A3 图纸，在教师指导下根据“表 4-2 加氢裂化工艺总流程图评分标准”进行评分，标出错误，进行纠错。

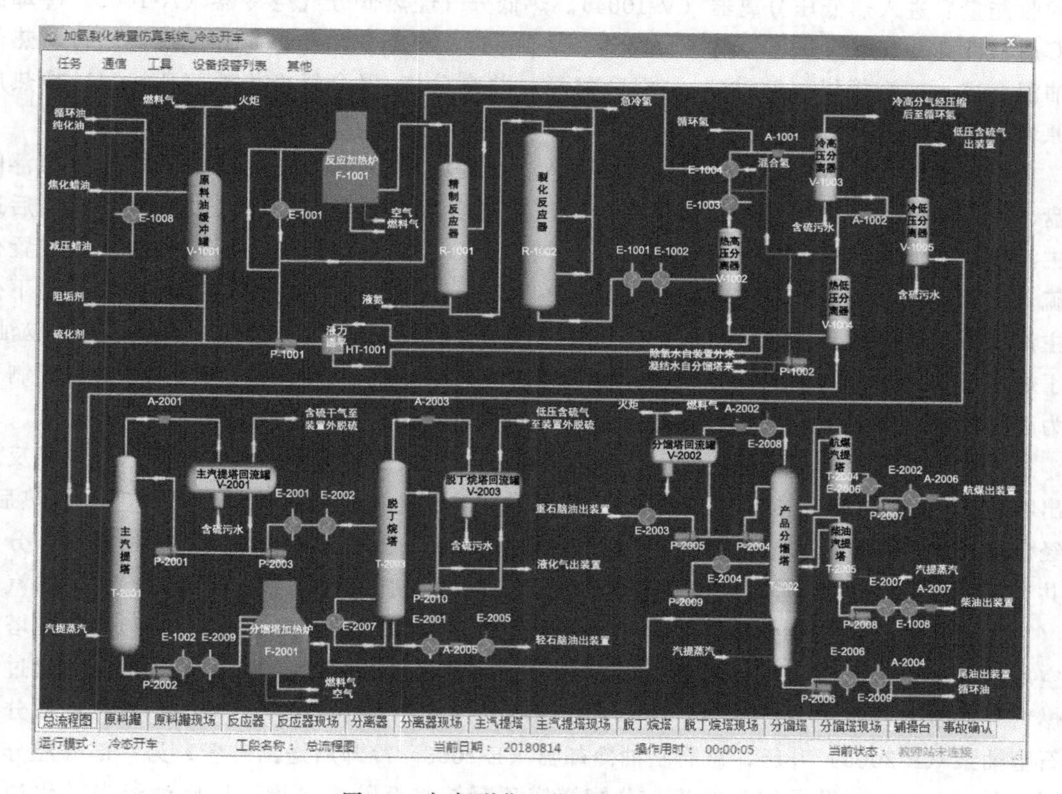

图 4-1　加氢裂化工艺总流程 DCS 图

图 4-1 为加氢裂化工艺总流程 DCS 图。自罐区来的减压蜡油和焦化蜡油送入装置，减压蜡油经柴油/原料油换热器（E-1008）预热后，与焦化蜡油混合，再与分馏部分来的循环油混合后进入原料油缓冲罐（V-1001）。V-1001 由燃料气保护，使原料油不接触空气。自

V-1001来的原料油经加氢进料泵（P-1001）升压，在流量控制下与混合氢混合后经反应产物/原料油换热器（E-1001）、反应进料加热炉（F-1001）加热至反应温度后，进入加氢精制反应器（R-1001）进行加氢精制反应，精制反应流出物进入加氢裂化反应器（R-1002）进行加氢裂化反应。加氢精制反应器设两个催化剂床层，加氢裂化反应器设三个催化剂床层，各床层间及反应器之间均设急冷氢注入设施。加氢精制反应器混合进料的温度通过调节反应进料加热炉（F-1001）燃料气量控制。

自加氢裂化反应器（R-1002）来的反应流出物依次经反应流出物/混合原料换热器（E-1001）、反应流出物/主汽提塔底液换热器（E-1002），以尽量回收热量。换热后反应流出物温度降至230℃，进入热高压分离器（V-1002）进行汽液分离。热高分气经热高分气/冷低分油换热器（E-1003）、热高分气/混合氢换热器（E-1004）换热后，再经热高分气空冷器（A-1001）冷却至50℃进入冷高压分离器（V-1003）。为了防止热高分气在冷却过程中析出铵盐堵塞管路和设备，通过注水泵（P-1002）将除氧水注入热高分气/混合氢换热器及热高分气空冷器（A-1001）上游管线。冷却后的热高分气在冷高压分离器（V-1003）中进行油、气、水三相分离。

冷高分油在液位控制下进入冷低压分离器（V-1005）。热高分油在液位控制下经液力透平回收能量后进入热低压分离器（V-1004）。热低分气经热低分气空冷器（A-1002）冷却到50℃后与冷高分油混合进入冷低压分离器（V-1005）。冷低分油与热高分气换热后再与热低分油混合进入主汽提塔（T-2001）。混合氢经过热高分气/混合氢换热器（E-1004）换热后与原料油混合。

自反应部分来的冷低分油、热低分油进入主汽提塔（T-2001），主汽提塔共有30层浮阀塔盘，汽提蒸汽自塔底部进入。塔顶气经主汽提塔塔顶空冷器（A-2001）冷却至40℃后进入主汽提塔回流罐（V-2001）进行油、水、气三相分离，罐顶干气在压力控制下至装置外脱硫，油相一部分经主汽提塔塔顶回流泵（P-2001）升压后在流量和塔顶温度串级控制下作为主汽提塔（T-2001）回流。另一部分经脱丁烷塔进料泵（P-2003）升压，再经过轻石脑油/脱丁烷塔进料换热器（E-2001）、航煤/脱丁烷塔进料换热器（E-2002）换热后在液位控制下作为脱丁烷塔（T-2003）的进料；分水包排出的含硫酸性水送装置外脱硫。

主汽提塔底液经分馏塔进料泵（P-2002）升压，在液位和流量串级控制下，分别经反应流出物/主汽提塔底液换热器（E-1002）、未转化油/分馏塔进料换热器（E-2009）换热后，再经分馏塔加热炉（F-2001）加热到384℃后进入产品分馏塔（T-2002）第7块塔盘，分馏塔共有57层浮阀塔盘，塔底采用水蒸气汽提，分馏塔设航煤汽提塔（T-2004）和柴油汽提塔（T-2005）两个侧线。分馏塔塔顶气经分馏塔塔顶低温热水加热器（E-2008）、分馏塔顶空冷器（A-2002）冷却，冷凝到55℃进入分馏塔回流罐（V-2002），回流罐的压力通过调节燃料气的进入或排出量来控制，从而使分馏塔的操作压力恒定在0.1MPa。液相一部分经重石脑油泵（P-2005）升压，重石脑油冷却器（E-2003）冷却后送出装置；另一部分经分馏塔回流泵（P-2004）升压作为回流；分馏塔塔顶凝结水至除氧水罐。塔底油经未转化油泵（P-2006）升压，与航煤汽提塔塔底重沸器（E-2006）、未转化油/分馏塔进料换热器（E-2009）换热后，循环到反应部分原料油缓冲罐，约2%（原料质量分数）的未转化油经未转化油空冷器（A-2004）冷却出装置。

航煤汽提塔（T-2004），塔底热量由航煤汽提塔塔底重沸器（E-2006）提供，热源为未转化油，塔底航煤产品经航煤泵（P-2007）升压后，经航煤/脱丁烷塔进料换热器（E-2002）、航煤空冷器（A-2006）冷却后送出装置。柴油汽提塔（T-2005），塔底采用水蒸气汽提；塔底产品由柴油泵（P-2008）升压后，经脱丁烷塔重沸器（E-2007）、减压蜡油换热器（E-1008）、柴油空冷器（A-2007）冷却脱水后出装置。分馏塔设中段回流，中段回流经分馏塔中段回流泵（P-2009）升压后，经中段油蒸汽发生器（E-2004）产出 1.0MPa 蒸汽后返回分馏塔。

脱丁烷塔进料经轻石脑油/脱丁烷塔进料换热器（E-2001）、航煤/脱丁烷塔进料换热器（E-2002）换热后，进入脱丁烷塔（T-2003）第 20 层塔盘，脱丁烷塔共有 40 层浮阀塔盘，塔底热量由重沸器提供，热源为柴油，塔顶气经脱丁烷塔塔顶空冷器（A-2003）冷却后进入脱丁烷塔回流罐（V-2003）进行油、水、气三相分离，罐顶干气在压力控制下与主汽提塔塔顶气一起至装置外脱硫；液相经脱丁烷塔塔顶回流泵（P-2010）升压后一部分在流量和塔顶温度串级控制下作为脱丁烷塔塔顶回流，另一部分在流量液位串级控制下作为液化气送出装置；脱丁烷塔回流罐分出的酸性水在界位控制下与高分含硫酸性水一起排出装置；塔底轻石脑油经轻石脑油/脱丁烷塔进料换热器（E-2001）、轻石脑油空冷器（A-2005）、轻石脑油冷却器（E-2005）冷却后出装置。

写出柴油的生产流程。

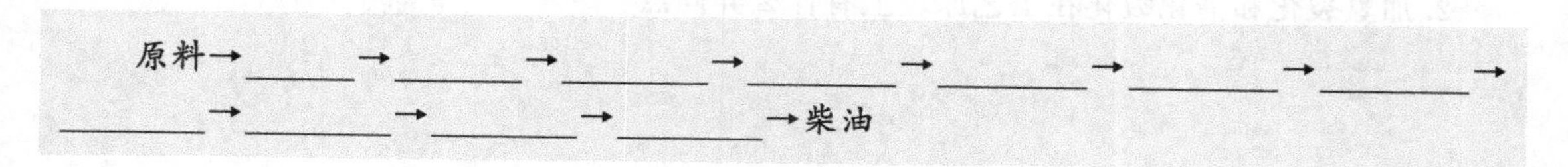

表 4-2　加氢裂化工艺总流程图评分标准

序号	考核内容	考核要点	配分	评分标准	扣分	得分	备注
1	准备工作	工具、用具准备	5	工具携带不正确扣 5 分			
2	图纸评分	排布合理，图纸清晰	10	不合理、不清晰扣 10 分			
3		边框	5	格式不正确扣 5 分			
4		标题栏	5	格式不正确扣 5 分			
5		塔器类设备齐全	15	漏一项扣 5 分			
6		主要加热炉、冷换设备齐全	15	漏一项扣 5 分			
7		主要泵齐全	15	漏一项扣 5 分			
8		主要阀门齐全(包括调节阀)	15	漏一项扣 5 分			
9		管线	15	管线错误一条扣 5 分			
合　计			100				

活动 3：智能化模拟工厂——加氢裂化装置“摸”流程。根据图纸查找主要工艺设备，分小组对照工艺模型描述工艺流程（表述清楚设备名称、位置及作用，管路内物料及流向，设备内物料变化等）。在教师指导下根据“表 4-3 工艺流程描述评分标准”进行评分。

表 4-3　工艺流程描述评分标准

序号	考核要点	配分	评分标准	扣分	得分	备注
1	设备位置对应清楚	20	出现一次错误扣 5 分			
2	物料管路对应清晰	30	出现一次错误扣 5 分			
3	设备内物料变化能够描述	20	出现一次错误扣 5 分			
4	物料流动顺序描述清晰	20	出现一次错误扣 5 分			
5	其他	10	语言流畅，描述清晰			
合计		100				

1. 加氢裂化装置主要包括哪些设备？
2. 加氢裂化和催化裂化在工艺原理上有什么异同点？

任务二
加氢裂化反应系统操作

1. 掌握加氢裂化反应器发生的化学反应。
2. 掌握加氢反应器的结构、特点及作用。
3. 掌握加氢裂化催化剂的组成、失活、再生。

减压馏分油经过催化裂化反应之后，会生成5%～7%的焦炭，如何降低焦炭的产率，使更多的原料转化成轻质油品？在催化裂化的基础上加入氢气，改变化学反应，本节主要学习加氢裂化的化学反应。

催化加氢反应主要涉及两个类型反应，一是除去氧、硫、氮及金属等少量杂质的加氢处理反应，二是涉及烃类加氢反应。这两类反应在加氢处理和加氢裂化过程中都存在，只是侧重点不同。

活动1：查阅资料，归纳总结加氢处理反应、烃类加氢反应有哪些。完成表4-4和表4-5。

表 4-4 加氢处理反应

反应种类	反应式(举例)

表 4-5 烃类加氢反应

反应种类	反应式(举例)

一、加氢处理反应

1. 加氢脱硫反应（HDS）

石油馏分中的硫化物主要有硫醇、硫醚、二硫化合物及杂环硫化物，在加氢条件下发生氢解反应，生成烃和 H_2S，主要反应如：

$$RSH + H_2 \rightleftharpoons RH + H_2S$$

$$R-S-R + 2H_2 \rightleftharpoons 2RH + H_2S$$

$$(RS)_2 + 3H_2 \rightleftharpoons 2RH + 2H_2S$$

$$R-C_4H_3S + 4H_2 \rightleftharpoons R-C_4H_9 + H_2S$$

$$C_{12}H_8S + 2H_2 \rightleftharpoons C_{12}H_{10} + H_2S$$

对于大多数含硫化合物，在相当大的温度和压力范围内，其脱硫反应的平衡常数都比较大，并且各类硫化物的氢解反应都是放热反应。

石油馏分中硫化物的 C—S 键的键能比 C—C 和 C—N 键的键能小。因此，在加氢过程中，硫化物的 C—S 键先断裂生成相应的烃类和 H_2S。

各种硫化物在加氢条件下反应活性因分子大小和结构不同存在差异，其活性大小的顺序为：硫醇＞二硫化物＞硫醚≈四氢噻吩＞噻吩。

噻吩类的杂环硫化物活性最低。并且随着其分子中的环烷环和芳香环数目增加，加氢反应活性下降。

2. 加氢脱氮反应（HDN）

石油馏分中的氮化物主要是杂环氮化物和少量的脂肪胺或芳香胺。在加氢条件下，反应

生成烃和 NH_3，其主要反应如下：

$$R-CH_2-NH_2+H_2 \rightleftharpoons R-CH_3+NH_3$$

$$\text{吡啶}+5H_2 \rightleftharpoons C_5H_{12}+NH_3$$

$$\text{喹啉}+7H_2 \rightleftharpoons \text{环己基}-C_3H_7+NH_3$$

$$\text{吡咯}+4H_2 \rightleftharpoons C_4H_{10}+NH_3$$

加氢脱氮反应包括两种不同类型的反应，即 C═N 的加氢和 C—N 键断裂反应，因此，加氢脱氮反应较脱硫困难。加氢脱氮反应中存在受热力学平衡影响的情况。

馏分越重，加氢脱氮越困难。主要因为馏分越重，氮含量越高；另外重馏分氮化物结构也越复杂，空间位阻效应增强，且氮化物中芳香杂环氮化物最多。

3. 加氢脱氧反应（HDO）

石油馏分中的含氧化合物主要是环烷酸及少量的酚、脂肪酸、醛、醚及酮。含氧化合物在加氢条件下通过氢解生成烃和 H_2O，主要反应如下：

$$\text{苯酚}+H_2 \rightleftharpoons \text{苯}+H_2O$$

$$\text{环己基}-COOH+3H_2 \rightleftharpoons \text{环己基}-CH_3+2H_2O$$

含氧化合物反应活性顺序为：

呋喃环类＞酚类＞酮类＞醛类＞烷基醚类

含氧化合物在加氢反应条件下分解很快，对杂环氧化物，当有较多的取代基时，反应活性较低。

4. 加氢脱金属反应（HDM）

石油馏分中的金属主要有镍、钒、铁、钙等，主要存在于重质馏分，尤其是渣油中。这些金属对石油炼制过程，尤其对各种催化剂参与的反应影响较大，必须除去。渣油中的金属可分为卟啉化合物（如镍和钒的络合物）和非卟啉化合物（如环烷酸铁、钙、镍）。以非卟啉化合物存在的金属反应活性高，很容易在 H_2/H_2S 存在条件下，转化为金属硫化物沉积在催化剂表面上。而卟啉型金属化合物先可逆地生成中间产物，然后中间产物进一步氢解，生成的硫化镍以固体形式沉积在催化剂上。加氢脱金属反应如下：

$$R-M-R' \xrightarrow{H_2,\ H_2S} MS+RH+R'H$$

由上可知，加氢处理脱除氧、氮、硫及金属杂质会发生不同类型的反应，这些反应一般是在同一催化剂床层进行，此时要考虑各反应之间的相互影响。如含氮化合物的吸附会使催化剂表面中毒，氮化物的存在会导致活化氢从催化剂表面活性中心脱除，而使 HDO 反应速度下降。也可以在不同的反应器中采用不同的催化剂分别进行反应，以减小反应之间的相互影响和优化反应过程。

二、烃类加氢反应

烃类加氢反应主要涉及两类反应，一是有氢气直接参与的化学反应，如加氢裂化和不饱和键的加氢饱和反应，此过程表现为耗氢；二是在临氢条件下的化学反应，如异构化反应。此过程表现为，虽然有氢气存在，但过程不消耗氢气，实际过程中的临氢降凝是其应用之一。

1. 烷烃加氢反应

烷烃在加氢条件下进行的反应主要有加氢裂化和异构化反应。其中加氢裂化反应包括C—C的断裂反应和生成的不饱和分子碎片的加氢饱和反应。异构化反应则包括原料中烷烃分子的异构化和加氢裂化反应生成的烷烃的异构化反应。而加氢和异构化属于两类不同反应，需要两种不同的催化剂活性中心提供加速各自反应进行的功能，即要求催化剂具备双活性，并且两种活性要有效地配合。烷烃进行反应描述如下：

$$R^1-R^2+H_2 \rightleftharpoons R^1H+R^2H$$

$$n\text{-}C_nH_{2n+2} \rightleftharpoons i\text{-}C_nH_{2n+2}$$

烷烃在催化加氢条件下进行的反应遵循碳正离子反应机理，生成的碳正离子在β位上发生断键，因此，气体产品中富含C_3和C_4。由于既有裂化又有异构化，加氢过程可起到降凝作用。

2. 环烷烃加氢反应

环烷烃在加氢裂化催化剂上的反应主要是脱烷基、异构和开环反应。环烷烃碳正离子与烷烃碳正离子最大的不同在于前者裂化困难，只有在苛刻的条件下，环烷烃碳正离子才发生β位断裂。带长侧链的单环环烷烃主要是发生断链反应。六元环烷烃相对比较稳定，一般是先通过异构化反应转化为五元环烷烃后再断环成为相应的烷烃。双六元环烷烃在加氢裂化条件下往往是其中的一个六元环先异构化为五元环后再断环，然后才是第二个六元环的异构化和断环。这两个环中，第一个环的断环是比较容易的，而第二个环则较难断开。此反应途径描述如下：

CH_3 CH_3
C_4H_9 C_4H_9 $\longrightarrow i\text{-}C_{10}H_{12}$

环烷烃异构化反应包括环的异构化和侧链烷基异构化。环烷烃加氢反应产物中异构烷烃与正构烷烃之比和五元环烷烃与六元环烷烃之比都比较大。

3. 芳香烃加氢反应

苯在加氢条件下反应首先生成六元环烷烃，然后发生前述相同反应。

烷基苯加氢裂化反应主要有脱烷基、烷基转移、异构化、环化等反应，使得产品具有多样性。C_1～C_4侧链烷基苯的加氢裂化，主要以脱烷基反应为主，异构和烷基转移为次，分别生成苯或侧链为异构程度不同的烷基苯、二烷基苯。烷基苯侧链的裂化既可以是脱烷基生成苯和烷烃；也可以是侧链中的C—C键断裂生成烷烃和较小的烷基苯。对正烷基苯，后者比前者容易发生，对脱烷基反应，则α-C上的支链越多，越容易进行。以丁苯为例，脱烷基速率有以下顺序：叔丁苯＞仲丁苯＞异丁苯＞正丁苯。

短烷基侧链比较稳定，甲基、乙基难以从苯环上脱除。C_4 或 C_4 以上侧链从环上脱除很快。对于侧链较长的烷基苯，除脱烷基、断侧链等反应外，还可能发生侧链环化反应生成双环化合物。苯环上烷基侧链的存在会使芳烃加氢变得困难，烷基侧链的数目对加氢的影响比侧链长度的影响大。

对于芳烃的加氢饱和及裂化反应，无论是降低产品的芳烃含量（生产清洁燃料），还是降低催化裂化和加氢裂化原料的生焦量都有重要意义。在加氢裂化条件下，多环芳烃的反应非常复杂，它只有在芳香环加氢饱和反应之后才能开环，并进一步发生随后的裂化反应。稠环芳烃每个环的加氢和脱氢都处于平衡状态，其加氢过程是逐环进行，并且加氢难度逐环增加。

4. 烯烃加氢反应

烯烃在加氢条件下主要发生加氢饱和及异构化反应。烯烃饱和是将烯烃通过加氢转化为相应的烷烃；烯烃异构化包括双键位置的变动和烯烃链的空间形态发生变动。这两类反应都有利于提高产品的质量。其反应描述如下：

$$R-CH=CH_2+H_2 \rightleftharpoons R-CH_2-CH_3$$

$$R-CH=CH-CH=CH_2+2H_2 \rightleftharpoons R-CH_2-CH_2-CH_2-CH_3$$

$$n\text{-}C_nH_{2n} \rightleftharpoons i\text{-}C_nH_{2n}$$

$$i\text{-}C_nH_{2n}+H_2 \rightleftharpoons i\text{-}C_nH_{2n+2}$$

焦化汽油、焦化柴油和催化裂化柴油在加氢精制的操作条件下，其中的烯烃加氢反应是完全的。因此，在油品加氢精制过程中，烯烃加氢反应不是关键的反应。

值得注意的是，烯烃加氢饱和反应是放热效应，且热效应较大。因此对不饱和烃含量高油品加氢时，要注意控制反应温度，避免反应床层超温。

活动 2：查阅资料，了解催化裂化催化剂的组成以及催化剂失活原因和再生方法，完成表 4-6。

表 4-6 催化剂组成及失活再生

催化剂组成	失活原因	再生方法

三、催化剂的分类

催化加氢催化剂的性能取决于其组成和结构，根据加氢反应侧重点不同，加氢催化剂还可分为加氢饱和（烯烃、炔烃和芳烃中不饱和键加氢）、加氢脱硫、加氢脱氮、加氢脱金属及加氢裂化催化剂。

1. 加氢处理催化剂

加氢处理催化剂中常用的加氢活性组分有铂、钯、镍等金属和钨、钼、镍、钴的混合硫化物，它们对各类反应的活性顺序为：

加氢饱和 Pt，Pb＞Ni＞W-Ni＞Mo-Ni＞Mo-Co＞W-Co

加氢脱硫 Mo-Co＞Mo-Ni＞W-Ni＞W-Co

加氢脱氮 W-Ni＞Mo-Ni＞Mo-Co＞W-Co

为了保证金属组分以硫化物的形式存在，在反应气体中需要一个最低的 H_2S 和 H_2 分压比值，低于这个比值，催化剂活性会降低和逐渐丧失。

加氢活性主要取决于金属的种类、含量、化合物状态以及在载体表面的分散度等。

活性氧化铝是加氢处理催化剂常用的载体，这主要是因为活性氧化铝是一种多孔性物质，它具有很高的表面积和理想的孔结构（孔体积和孔径分布），可以提高金属组分和助剂的分散度。制成一定颗粒形状的氧化铝还具有优良的机械强度和物理化学稳定性，适宜于工业过程的应用。载体性能主要取决于载体的比表面积、孔体积、孔径分布、表面特性、机械强度及杂质含量等。

2. 加氢裂化催化剂

加氢裂化催化剂属于双功能催化剂，即催化剂由具有加（脱）氢功能的金属组分和具有裂化功能的酸性载体两部分组成。根据不同的原料和产品要求，对这两种组分的功能进行适当的选择和匹配。

在加氢裂化催化剂中加氢组分的作用是使原料油中的芳烃，尤其是多环芳烃加氢饱和；使烯烃，主要是反应生成的烯烃迅速加氢饱和，防止不饱和烃分子吸附在催化剂表面上，生成焦状缩合物而降低催化活性。因此，加氢裂化催化剂可以维持长期运转，不像催化裂化催化剂那样需要经常烧焦再生。

常用的金属组分按其加氢活性强弱排序为：

Pt，Pd＞W-Ni＞Mo-Ni＞Mo-Co＞W-Co

铂和钯虽然具有最高的加氢活性，但由于对硫的敏感性很强，仅能在两段加氢裂化过程中的无硫、无氨的第二段反应器中使用。在这种条件下，酸功能也得到最大限度的发挥，因此产品都是以汽油为主。

在以中间馏分油为主要产品的一段加氢裂化的催化剂中，普遍采用 Mo-Ni 或 Mo-Co 组合。在以润滑油为主要产品时，则都采用 W-Ni 组合，有利于脱除润滑油中最不希望存在的多环芳烃组分。

加氢裂化催化剂中裂化组分的作用是促进碳-碳链的断裂和异构化反应。常用的裂化催化剂组分是无定形硅酸铝和沸石，通称为固体酸载体。其结构和作用机理与催化裂化催化剂相同。进料中存在的氮化合物，以及反应生成的氨，对加氢裂化催化剂都具有毒性。因为氮化合物，尤其是碱性氮化合物和氨会强烈地吸附在催化剂表面上，使酸性中心被中和，导致催化剂活性丧失。因此，加工氮含量高的原料油时，对无定形硅铝载体的加氢裂化催化剂需要将原料预加氢脱氮，分离出 NH_3 后再进行加氢裂化反应。但对于含沸石的加氢裂化催化剂，则允许预先加氢脱氮过的原料带着未分离的氨直接与之接触。这是因为沸石虽然对氨也是敏感的，但由于它具有较多的酸性中心，即使有氨存在仍能保持较高的活性。

考察加氢裂化催化剂性能时要综合考虑催化剂的加氢活性，裂化活性，对目的产品的选择性，对硫化物、氮化物及水蒸气的敏感性，运转稳定性和再生性能等因素。

3. 催化剂的预硫化

加氢催化剂的钨、钼、镍、钴等金属组分，使用前都是以氧化物的状态分散在载体表面。而有加氢活性的却是硫化态，在加氢运转过程中，虽然原料油中含有硫化物，可通过反应转变成硫化态，但往往由于在反应条件下，原料油含硫量过低，硫化不完全从而导致一部分金属还原，使催化剂活性达不到正常水平。故目前这类加氢催化剂，多采用预硫化方法，将金属氧化物在进油反应前转化为硫化态。

加氢催化剂的预硫化，有气相预硫化与液相预硫化两种方法：气相预硫化（亦称干法预硫化），即在循环氢气存在下，注入硫化剂进行硫化；液相预硫化（亦称湿法预硫化），即在循环氢气存在下，以低氮煤油或轻柴油为硫化油，携带硫化剂注入反应系统进行硫化。

预硫化过程一般分为催化剂干燥、硫化剂吸附和硫化三个主要步骤。

4. 催化剂失活与再生

加氢催化剂在使用过程中由于结焦和中毒，使催化剂的活性及选择性下降，不能达到预期的加氢目的，必须停工再生或更换新催化剂。

国内加氢装置一般采用催化剂器内再生方式，有蒸汽-空气烧焦法和氮气-空气烧焦法两种。对于 γ-Al_2O_3 为载体的 Mo、W 系加氢催化剂，其烧焦介质可以为蒸汽或氮气，但对于以沸石为载体的催化剂，如再生时水蒸气分压过高，可能破坏沸石晶体结构，而失去部分活性，因此必须用氮气-空气烧焦法再生。

再生过程包括以下两个阶段：

（1）再生前的预处理　在反应器烧焦之前，需先进行催化剂脱油与加热炉清焦。催化剂脱油主要采取轻油置换和热氢吹脱的方法。对于采用加热炉加热原料油的装置，在再生前，加热炉管必须清焦，以免影响再生操作和增加空气耗量。炉管清焦一般用水蒸气-空气烧焦法，烧焦时应将加热炉出、入口从反应部分切出，蒸汽压力为 0.2～0.5MPa，炉管温度为 550～620℃。可以通过固定蒸汽流量变动空气注入量，或固定空气注入量变动蒸汽流量的办法来调节炉管温度。

（2）烧焦再生　通过逐步提高烧焦温度和降低氧浓度，控制烧焦过程分三个阶段完成。

活动 3：查阅资料，了解加氢裂化反应器以及适用的原料，完成表 4-7。

表 4-7　加氢裂化反应器以及适用的原料

反应器名称	原　料

加氢反应器是加氢精制装置的核心设备，是加氢精制反应的场所，主要操作于高温高压环境中，且进入到反应器的物料中往往含有硫和氮等杂质，与氢反应分别形成具有腐蚀性的 H_2S 和 NH_3。

按照工艺流程及结构分类，加氢反应器可分为固定床反应器、移动床反应器和流化床反应器，见图 4-2～图 4-4。其中固定床反应器使用最为广泛，它的特点为催化剂不易磨损，催化剂在不失活的情况下可长期使用，主要适于加工固体杂质、油溶性金属含量少的油品。移动床反应器生产过程中催化剂连续或间断移动加入或卸出反应器，主要适于加工有较高金属有机化合物及沥青质的渣油原料，可避免床层堵塞及催化剂失活问题。流化床反应器中原料油及氢气自反应器下部进入通过催化剂床层，使催化剂流化并被流体托起，主要也适于加工有较多金属有机化合物、沥青质及固体杂质的渣油原料。

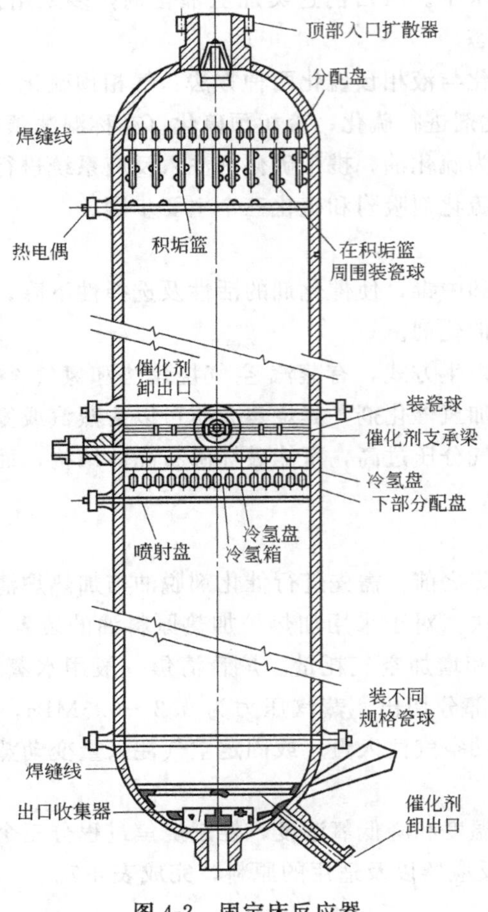

图 4-2 固定床反应器

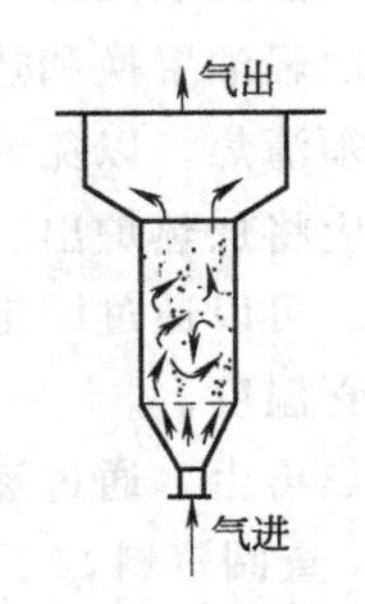

图 4-3 流化床反应器

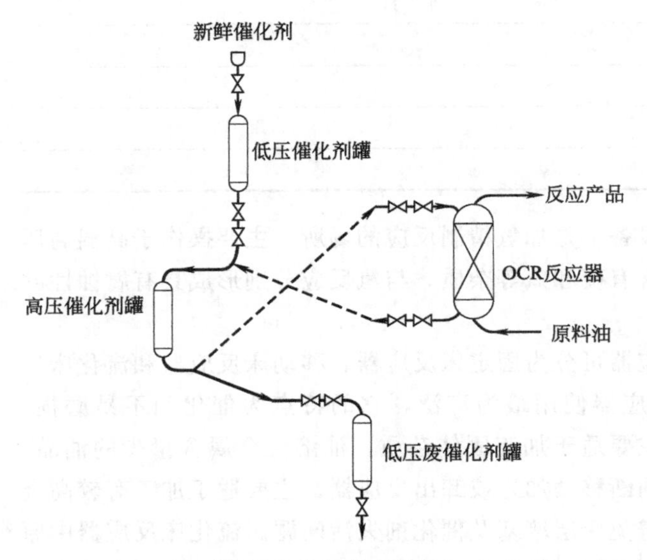

图 4-4 移动床反应器

图 4-5 反应器顶部分配盘

反应器顶部分配盘如图 4-5 所示。

反应器本体经历了由单层发展到多层的阶段，在单层结构中又有钢板卷焊结构和锻造结构两种。多层结构也有绕带式、热套式等多种形式。至于选择哪种结构，主要取决于使用条件、反应器尺寸、经济性和制造周期等诸多因素。后来由于冶金、锻造等技术的进步，单层锻造结构或钢板卷焊结构的反应器又逐渐占了统治地位。

活动 4：绘制带控制点反应系统的工艺流程图，并进行反应再生系统操作。

在图 4-6 中找出加氢裂化装置反应系统控制仪表，完成表 4-8 反应器主要控制仪表。在 A4 图纸上绘制反应系统 PID 图。加氢裂化工艺反应系统主要仪表包括控制仪表和显示仪表。请对照图 4-6 反应器系统 DCS 图找出表 4-9 反应系统部分主要控制仪表的主要位置并说明作用。

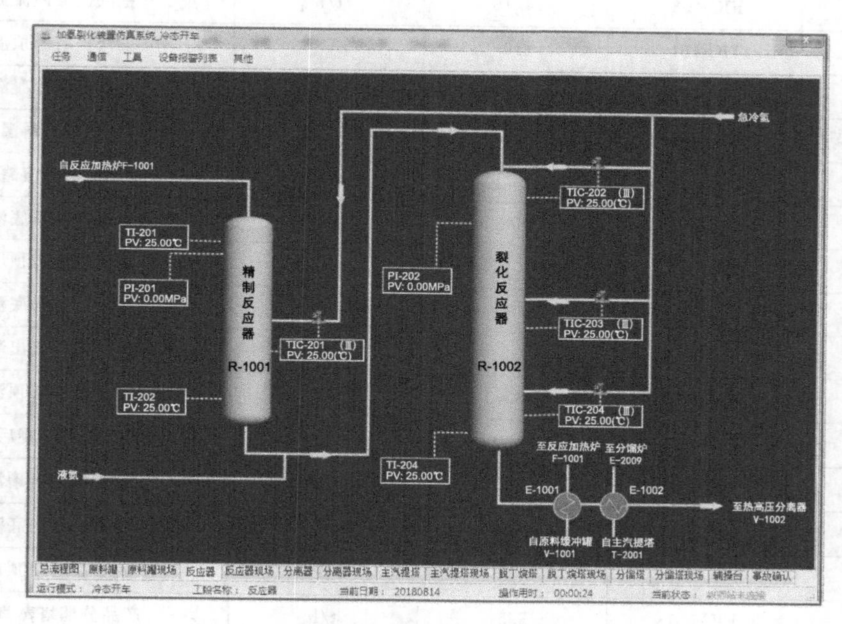

图 4-6 反应器 DCS 图

表 4-8 反应器主要控制仪表

序号	位号	正常值	单位	说明
1	FIC-101	123.81	t/h	焦化蜡油流量
2	FIC-102	30.95	t/h	减压蜡油流量
3	FIC-103	214	t/h	反应进料量
4	TIC-101	364	℃	反应加热炉出口温度
5	PIC-101	0.1	MPa	原料油缓冲罐压力
6	TIC-201	367	℃	精制反应器床层温度
7	TIC-202	396	℃	裂化反应器进口温度
8	TIC-203	396	℃	裂化反应器床层温度
9	TIC-204	397	℃	裂化反应器床层温度

续表

序号	位号	正常值	单位	说明
10	TIC-301	50	℃	热高压分离器进口温度
11	LIC-301	50	%	热高压分离器液位
12	LIC-302	50	%	冷高压分离器液位
13	LIC-304	50	%	热低压分离器液位
14	LIC-305	50	%	冷低压分离器液位
15	FIC-401	3	t/h	主汽提塔蒸汽流量
16	FIC-402	138.9	t/h	主汽提塔塔底流量
17	FIC-403	14.16	t/h	主汽提塔回流流量
18	TIC-401	110	℃	主汽提塔塔顶温度
19	TIC-402	40	℃	主汽提塔冷凝温度
20	TIC-403	384	℃	分馏塔进料温度
21	LIC-401	50	%	主汽提塔回流罐液位
22	LIC-403	50	%	主汽提塔塔底液位
23	PIC-401	1.0	MPa	主汽提塔塔顶压力
24	FIC-501	8.96	t/h	脱丁烷塔塔底流量
25	FIC-502	5.2	t/h	脱丁烷塔液化气出装置流量
26	TIC-501	83	℃	脱丁烷塔塔顶温度
27	TIC-502	40	℃	脱丁烷塔冷凝后温度
28	LIC-501	50	%	脱丁烷回流罐液位
29	LIC-503	50	%	脱丁烷塔塔底液位
30	PRC-501	0.45	MPa	脱丁烷塔塔顶压力
31	FIC-601	3.5	t/h	产品分馏塔蒸汽流量
32	FIC-602	3.1	t/h	产品分馏塔塔底出装置流量
33	FIC-603	30.92	t/h	产品分馏塔重石脑油流量
34	FIC-604	160	t/h	产品分馏塔中段回流流量
35	FIC-605	20.59	t/h	产品分馏塔航煤流量
36	FIC-606	3	t/h	柴油汽提塔蒸汽流量
37	FIC-607	84.23	t/h	产品分馏塔柴油流量
38	TIC-601	136	℃	产品分馏塔顶温度
39	TIC-602	55	℃	产品分馏塔顶冷凝温度
40	TIC-603	196	℃	产品分馏塔中段回流温度
41	LIC-601	50	%	产品分馏塔回流罐液位
42	LIC-603	50	%	航煤汽提塔液位
43	LIC-604	50	%	柴油汽提塔液位

续表

序号	位号	正常值	单位	说明
44	LIC-605	50	%	产品分馏塔塔底液位
45	PIC-601	0.1	MPa	产品分馏塔回流罐压力

表 4-9 反应系统主要控制和显示仪表

序号	1	2	3	4	5	6	7	8	9	10
仪表位号	FIC-101	FIC-103	TIC-101	PIC-101	TIC-201	TIC-202	TIC-203	TIC-301	LIC-301	FIC-401
仪表位置										
作用										

序号	11	12	13	14	15	16	17	18	19	20
仪表位号	FIC-402	TIC-401	TIC-403	LIC-403	PIC-401	FIC-501	TIC-501	FIC-602	TIC-601	LIC-604
仪表位置										
作用										

反应系统的正常操作主要是对反应压力、反应温度、空速和氢油比的控制，填写裂化反应器进口温度（TIC-202）控制，分析异常现象的影响因素并进行正确调节，见表 4-10。

表 4-10 TIC-202 影响因素及调节方法

位号	正常值	异常值	影响因素	调节方法
TIC-202	396℃	360℃		

1. 催化加氢反应有哪些？
2. 加氢裂化反应与催化裂化反应有什么异同点？
3. 加氢裂化催化剂与催化裂化催化剂有什么异同点？
4. 加氢裂化操作过程中的影响因素有哪些？

任务三
加氢裂化装置仿真操作

1. 掌握加氢裂化装置仿真操作的开车、停车过程。
2. 会分析并且能够处理加氢裂化装置仿真操作的故障。

加氢裂化过程的工艺操作参数主要有反应压力、反应温度、空速和氢油比等，通过进行加氢裂化装置的开车、停车、故障处理的操作，进一步提高分析处理异常现象的能力。

加氢裂化装置操作主要包括冷态开车、正常停车、紧急停车、故障处理四个部分，在每一部分操作的过程中主要对温度、液面、压力三个工艺参数进行调节。

活动 1：根据操作规程进行 DCS 仿真系统的冷态开车操作，分析和处理操作过程中出现的异常现象，做好记录。

冷态开车操作主要为以下六个过程。

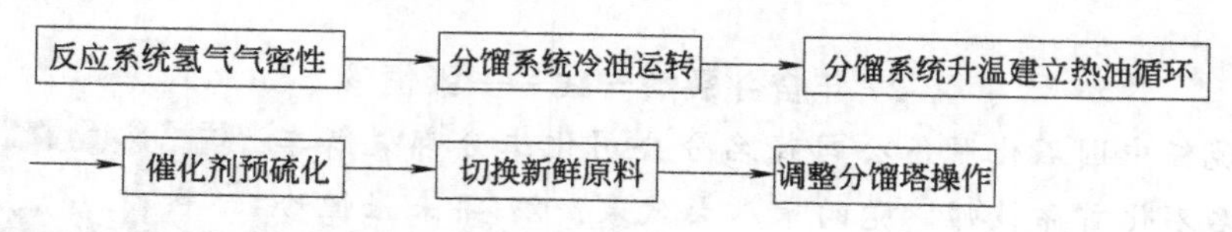

扫描二维码，学习冷态开车操作规程。

活动 2：根据操作规程进行 DCS 仿真系统的停车操作，分析和处理操作过程中出现的异常现象，做好记录。

正常停车操作主要为以下六个过程。

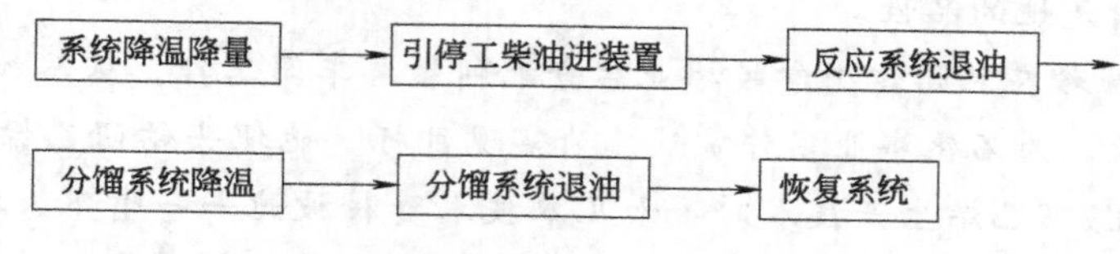

扫描二维码，学习正常停车操作规程。

活动 3：加氢裂化装置事故一——反应加热炉炉管破裂、事故二——反应进料泵着火，学生先写出事故的处理步骤，与操作规程比较、完善，进行事故处理的操作。

扫描二维码，学习加氢裂化装置事故处理操作规程。

活动 4：两人一组同时登录 DCS 系统和 VRS 交互系统协作完成装置冷态开车仿真操作。

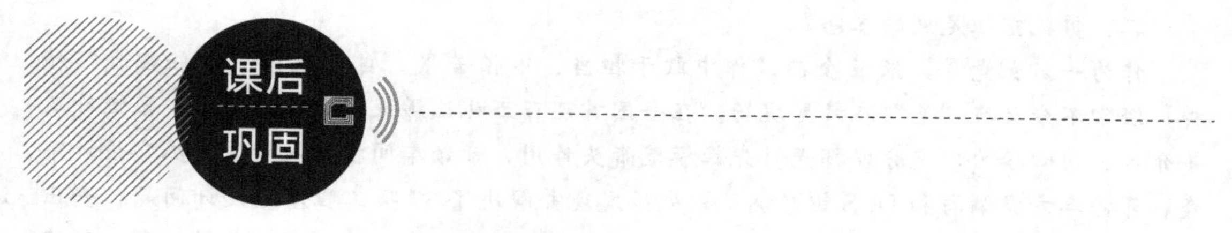

1. 加氢裂化过程的工艺操作参数有哪些？
2. 空速对反应操作有何影响？
3. 简述氢油比对操作过程的影响。

拓展阅读

27 年奋斗裂解一线——张恒珍

张恒珍现任中国石化股份公司茂名分公司化工分部裂解车间班长，茂名石化首席技师，党的十八大代表。27 年来张恒珍“严细实恒”、勤奋刻苦，时刻以党员的标准严格要求自己，由一个只有中专学历的普通女技工成长为关键时候能“一锤定音”解决生产技术难题的操作大师，为茂名石化乙烯工程创造多项国内纪录、达到国际先进水平立下了汗马功劳，成为茂名石化乙烯首期工程顺利投产并安全运行周期达 79 个月的得力女干将、二期工程建成设备国产化率达 87.8%的全国首座百万吨级乙烯生产基地的巾帼功臣，是茂名百万吨乙烯各项指标不断提升、大检修开停车“零排放”顺利实施的操作“优化王”。

一、永不服输是她的品性

1994 年，张恒珍在兰州化工学校毕业后分配到裂解车间工作。从参加工作第一天起，她就立志发挥所长，为石化事业多作贡献。为实现目标，她埋头钻研乙烯生产技术，《乙烯装置技术与管理》《乙烯生产技术》等十几本技术资料被她一一啃下。很快，她成长为主操，并在车间公开竞聘班长中，成为唯一女班长。在 2004 年全国石油石化行业职业技能竞赛中，她和另外 5 名同事一起，取得了团体第二名的好成绩。而她个人也夺得了全国第四、集团公司第二名的好成绩，成为 300 多名选手中唯一获奖的女选手。

张恒珍善于总结并在实践中不断探索，把自己多年的操作心得和经验，融入分离系统操作法中，有效优化工艺操作参数，并创出了一套独具茂名特色的“1#裂解装置分离系统张恒珍操作法”。分离系统碳二加氢反应器是裂解装置最“敏感”的设备，稍有不慎，反应器就会“飞温”，导致装置停车。在实际操作中，她运用“张恒珍操作法”优化系统操作，不仅乙烯日产量增加 120t，而且还减少了系统波动，避免了反应器“飞温”。她持续不断优化操作，在乙烯装置降至两台炉、只有设计负荷 20%的条件下，实现了正常运转、乙烯产品保持合格的国内创举；她着力提高装置外送氢气量，每年创效超过 1000 万元。2013 年 5 月，张恒珍作为中石化选派的开工专家，参加了武汉年产 80 万吨乙烯工程的开工建设，提出整改建议 32 条，确保了中石化首座大型设备 100%国产化乙烯装置高标准开车。27 年来，张恒珍保持着操作“零差错”的纪录。

二、勇挑重担是她的本色

作为一名女党员，张恒珍在工作中敢于担当、不怕苦累，自觉践行“责任在我”精神，经常不分日夜“泡”在装置现场。在全国首座百万吨乙烯装置建设过程中，张恒珍及早介入、用心尽力，充分发挥党员先锋模范带头作用，带领车间技术人员认真抓实设计审查、开停车方案编写和 DCS 组态调试，先后发现并解决了 37 项工程基础设计问题，查出制约装置长周期安全生产的瓶颈问题 105 个和仪表问题 556 个，为百万吨乙烯工程顺利建成投产做出了突出贡献。2006 年 9 月 16 日，茂名石化 100 万吨乙烯改扩建项目正式投料开车，张恒珍在操作台旁连续奋战了 36h，为新装置高水平开车发挥了关键作用。2011 年，茂名石化乙烯 2#裂解装置碳二加氢系统更换国产催化剂，她每天守护现场，跟踪催化剂的装卸，及时记录、分析，大胆优化系统开车升温方法，实现了国产催化剂的顺利投用。2013年，她提出并全程参与茂名石化乙烯2#裂解装置乙烯精馏塔改造项目，彻底解决了乙烯精馏塔瓶颈问题，每月可创效1807万元，两个月内收回全部投资费用。在技术带头人张恒珍的带领下，截至2015年3月大修，2#裂解装置第二个运行周期连续运行1369天，创出了国内无停车运行最长纪录。

三、敢于创新是她的习惯

张恒珍负责的分离系统被喻为裂解装置的“肠胃”“消化系统”，其操作好坏直接影响到乙烯收率和产量。张恒珍常年扎根一线，不断完善裂解装置分离系统的“操作指南”并赋予其新的内容。她针对高压脱丙烷塔和低压脱丙烷塔两塔聚合物堵塞问题，创造性地提出“反向冲洗法”，成功解决了两塔堵塞问题。她提出丙烯塔塔顶冷凝器、丙烯进料加热器泄漏等问题的在线处理方案，挽回直接经济损失192万元。2010年，在1#装置停车大检修中，她所优化编写的“零排放”开停车方案发挥了重要作用，共回收物料3218t，直接减少经济损失约1000万元，开创了国内同类装置开停车“零排放”的先河，成为了中国石化乙烯装置开停车操作的典范。2012年，她利用1#裂解装置乙烯塔、丙烯精馏系统、裂解炉等的先进控制，致力于优化操作，提升装置的效益水平，年创效约5310万元。2015年，她通过优化碳三加氢操作，不但减少$180m^3/h$氢气用量，而且碳三加氢催化剂选择性由29%提升到56%，提高了丙烯收率，减少了氢气用量共创效591.58万元。在她和同事们的共同努力下，2015年裂解装置损失率为0.11%，高附燃动能耗为280.42kg（标油）/t，分别连续七年、八年名列集团公司同类装置竞赛第一名，助推茂名石化连续三年获得“全国石油石化能耗领跑者标杆企业”称号。

模块五

催化重整装置操作

现如今对环保的要求越来越高，对燃料的要求也越来越高，比如对汽油总的要求趋势是高辛烷值和清洁，降低烯烃和硫含量并保持较高的辛烷值是我国炼油厂生产清洁汽油所面临的主要问题，在解决这个矛盾中催化重整将发挥重要作用。催化重整是我国生产清洁汽油，降低烯烃和硫的含量并保持较高的辛烷值的关键过程。

任务一
工艺流程认知

1. 掌握催化重整工艺原理。
2. 掌握催化重整装置主要设备及作用。
3. 能够绘制催化重整装置工艺流程图。
4. 能依据工艺流程图说明工艺流程。

催化重整是提高汽油质量和生产石油化工原料的重要手段，催化重整装置是燃料化工型炼油厂中最常见的装置之一。催化重整的工艺流程是怎样的？在重整的过程中需要用到什么样的装置和设备？

一、催化重整的概念

催化重整是在一定温度、压力、临氢和催化剂存在的条件下，使 C_6 ～ C_{11} 石脑油（主要是直馏汽油）烃类结构发生重新排列，转变为富含芳烃（苯、甲苯、二甲苯，简称 BTX）的重整汽油并副产氢气的过程。

二、催化重整在石油加工中的地位

催化重整是石油加工和石油化工的重要工艺之一，受到了广泛重视。其主要目的：一是生产高辛烷值汽油组分；二是为化纤、橡胶、塑料和精细化工提供原料（苯、甲苯、二甲苯等芳烃）。除此之外，催化重整过程还生产化工过程所需的溶剂、油品加氢所需的高纯度廉价氢气（75%～95%）和民用燃料液化气等副产品。

降低烯烃和硫含量并保持较高的辛烷值是我国炼油厂生产清洁汽油所面临的主要问题，在解决这个问题中催化重整将发挥重要作用。

石油是不可再生资源，其最佳应用是达到效益最大化和再循环利用。石油化工是目前最重要的发展方向，BTX 是一级基本化工原料，全世界所需的 BTX 有一半以上是来自催化重整。

三、催化重整装置分类

催化重整装置按其生产目的的不同可分为两类：一类用于生产高辛烷值汽油调和组分；另一类则用于生产芳烃。

1. 生产高辛烷值汽油方案

以生产高辛烷值汽油为目的的重整过程主要由原料预处理、重整反应和反应产物分离三部分构成，如图 5-1。

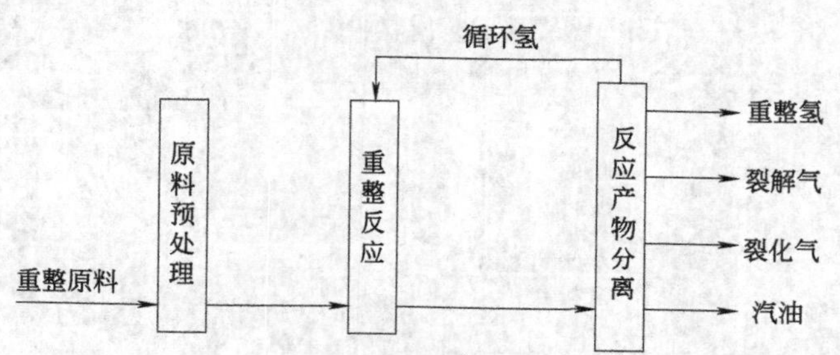

图 5-1　生产高辛烷值汽油的催化重整生产工艺流程方框图

2. 生产芳烃方案

以生产轻芳烃为主要目的时，工艺流程有原料预处理、重整反应和芳烃分离。芳烃分离包括反应产物加氢以使其中的烯烃饱和、芳烃溶剂抽提、混合芳烃精馏分离等几个单元过程，如图 5-2。

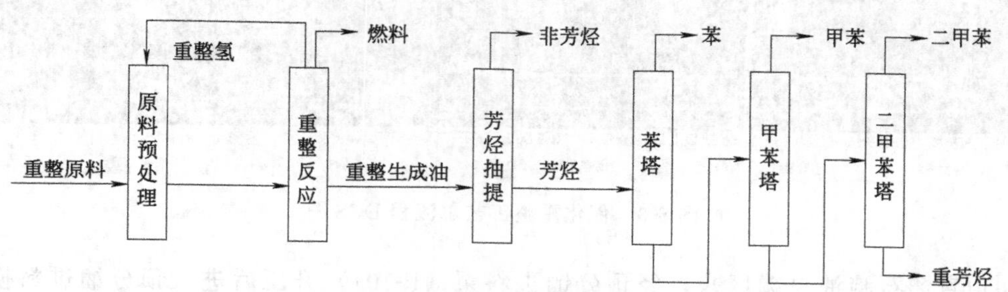

图 5-2　生产轻芳烃的催化重整生产工艺流程方框图

活动1：图5-1是生产高辛烷值汽油的催化重整生产工艺流程方框图，根据图5-1，并结合相关资料，说明催化重整的原料、产品、工艺环节及每个过程的作用，完成表5-1。

表5-1 催化重整的原料、产品及工艺过程

原料	工艺环节	作用	产品

活动2：图5-3是生产高辛烷值汽油催化重整工艺总流程DCS图，依据此流程图，完成表5-2催化重整装置主要设备表。

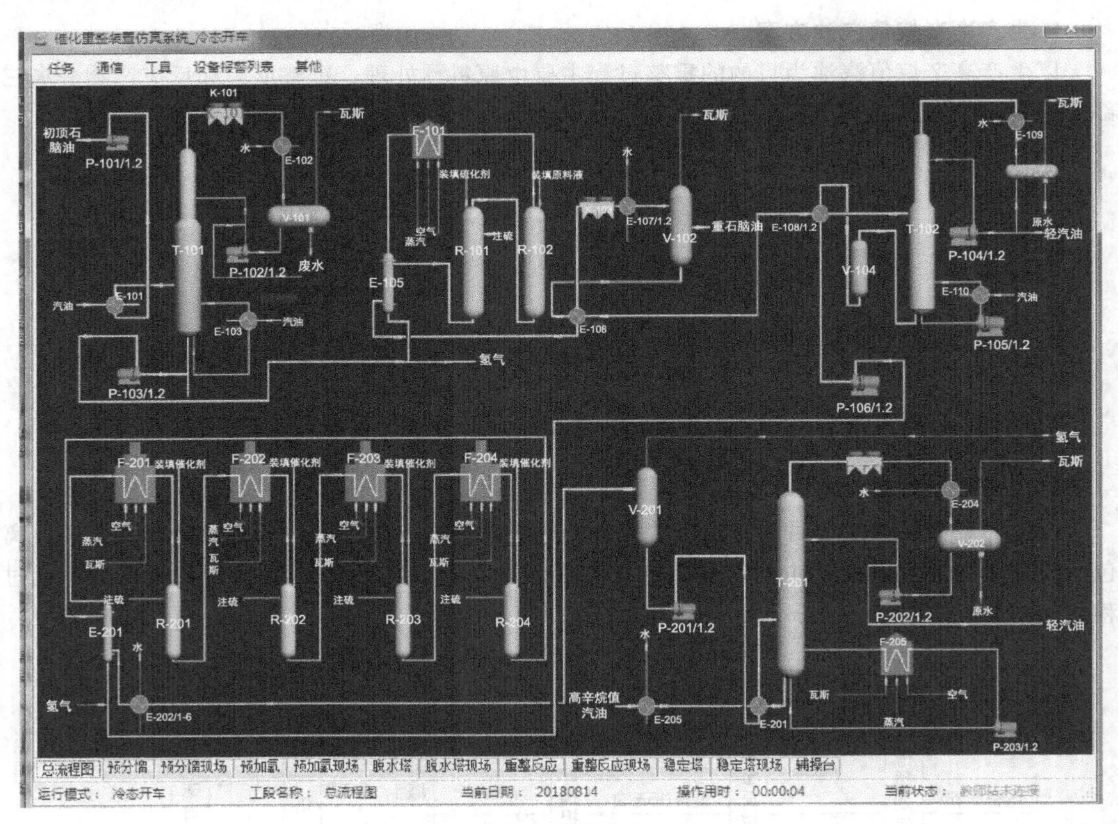

图5-3 催化重整工艺总流程DCS图

初顶直馏石脑油自罐区来，经预分馏进料泵（P-101）升压后进入预分馏进料换热器（E-101）加热，然后进入预分馏塔（T-101），塔顶分出不适宜重整进料的轻馏分，塔底馏出物去预加氢。塔顶馏出物经 K-101 和冷凝器 E-102 冷凝冷却成液体，其中一部分作为塔顶回流，一部分作为轻汽油送出装置。回流罐内的不凝气靠自压去原油稳定的轻烃分离装置，或作为燃料瓦斯去低压瓦斯管网。T-101 塔底馏出物去预加氢部分。

T-101 塔底馏出物经加氢进料泵（P-103）送出，与氢气混合，经过预加氢换热器（E-105）换热、预加氢炉（F-101）加热，然后进入预加氢脱砷反应器（R-102）、预加氢反应器（R-101），在脱砷剂、预加氢催化剂的作用下脱除原料油中的 As、Pb、Hg、Cu、N、S、H_2O 等有害杂质，并使烯烃达到饱和，反应后的产物经换热、冷却与来自界区外的加氢汽油、加氢裂化重石脑油分别进入预加氢油气分离罐（V-102），分离出的氢气经脱氯后送去加氢车间，液相作为重整原料靠自压经换热去脱水系统。预加氢分离罐（V-102）内的液体作为重整原料靠自压进入脱水塔（T-102），塔顶馏出物经冷凝器 E-109 冷凝冷却成液体，其中一部分作为塔顶回流，一部分作为轻汽油送出装置。回流罐内的不凝气去原油稳定的轻烃分离装置，或进入罐区。经脱水塔的分离，将重整原料中水含量降至 5×10^{-6} 以下。脱水塔塔底油作为合格的重整原料进入重整反应部分。

重整原料经重整进料泵（P-106）升压，与循环氢混合后，进入立式重整换热器（E-201）的管程后与自第四重整反应器（R-204）来的重整反应产物换热，再进入重整第一加热炉（F-201）、重整第一反应器（R-201），接着进入重整第二加热炉（F-202）、重整第二反应器（R-202）、重整第三加热炉（F-203）、重整第三反应器（R-203）、重整第四加热炉（F-204）、重整第四反应器（R-204）。经过重整冷却器（E-202）冷至温度小于 40℃进入重整高分罐（V-201）进行气液分离，罐顶分出的含氢气体大部分去循环使用，其余部分即重整反应副产品的含氢气体送出装置。罐底的重整生成油进入稳定塔。

重整生成油经稳定塔进料泵（P-201）或经该泵跨线送至稳定塔（T-201）第 11 层，塔顶油气经冷却进入稳定塔塔顶油气分离罐（V-202），未凝气分出送给原油稳定塔分出轻烃进入瓦斯管网。V-202 内液体用稳定塔回流泵（P-202）送出，一部分作稳定塔塔顶回流，一部分（C_5 馏分）经轻汽油线送出装置。稳定塔塔底的 C_7 以上组分经冷却后送出装置作高辛烷值汽油调和组分。

写出高辛烷值汽油调和组分的生产流程。

初顶直馏石脑油→预分馏换热器→________→预加氢换热器→________→________→
预加氢油气分离罐→________→________→________→________→________→________→
________→________→________→________→________→稳定塔进料泵→________→
________→高辛烷值汽油调和组分

表 5-2 催化重整装置主要设备表

设备种类	设备名称	设备主要作用
塔器		

续表

设备种类	设备名称	设备主要作用
反应器		
加热炉		

催化重整装置主要设备有预分馏塔、预加氢反应器、重整反应器、再生器、分馏塔等。

重整反应器是催化重整过程的核心设备，按工艺的不同要求大致可分为半再生式重整装置采用固定床反应器，连续再生式重整装置采用移动床反应器。工业用固定床重整反应器主要有轴向反应器和径向反应器两种结构形式。图 5-4 是轴向和径向反应器的简图。

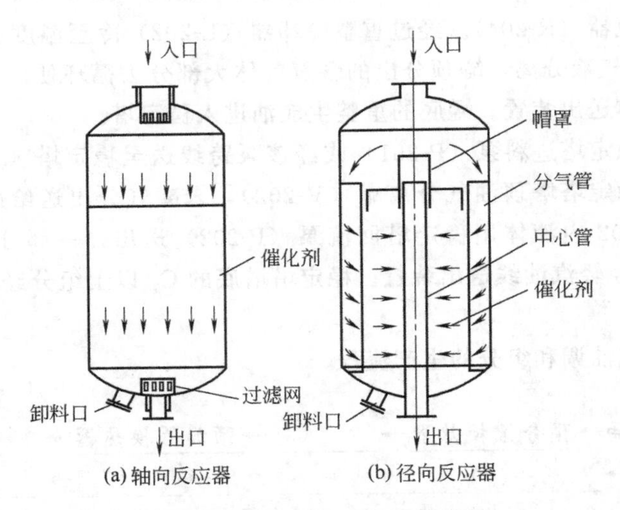

图 5-4　轴向和径向反应器的简图

轴向反应器和径向反应器之间的主要差别在于气体流动方式不同和床层压降不同。

对轴向反应器而言，反应器为圆筒形，高径比一般略大于 3。反应器外壳由 20 号锅炉钢板制成，当设计压力为 4MPa 时，外层厚度约 40mm。壳体内衬 100mm 厚的耐热水泥层，里面有一层厚 3mm 的合金钢衬里。衬里可防止碳钢壳体受高温氢气的腐蚀，水泥层则兼有保温和降低外壳壁温的作用，为了使原料气沿整个床层截面分配均匀，在入口处设有分配头并设事故氮气线。油气出口处设有防止催化剂粉末带出的钢丝网。催化剂床层的上方和下方均装有惰性瓷球以防止操作波动时催化剂层跳动而引起催化剂破碎，同时也有利于气流的均匀分布。催化剂床层中设有呈螺旋形分布的若干测温点，以便监测整个床层的温度分布情况，这在再生时显得尤其重要。

与轴向反应器比较，径向反应器的主要特点是气流以较低的流速径向通过催化剂床层，床层压降较低。

径向反应器的中心部位有两层中心管，内层中心管壁上钻有许多几毫米直径的小孔，外层中心管壁上开了许多矩形小槽。沿反应器外壳内壁周围排列几十个开有许多小的长形孔的扇形筒，在扇形筒与中心管之间的环形空间是催化剂床层。反应原料油气从反应器顶部进入，经分布器后进入沿壳壁布满的扇形筒内，从扇形筒小孔出来后沿径向方向通过催化剂床层进行反应，反应产物进入中心管，然后导出反应器。中心管顶上的罩帽是由几节圆管组成，其长度可以调节，用此调节催化剂的装入高度。另外，与轴向反应器比较，径向反应器结构复杂，制造、安装、检修都较困难，投资也较高。径向反应器的压降比轴向反应器小得多，这点对连续重整装置尤为重要。因此，连续重整装置的反应器都采用径向反应器，而且其再生器也是采用径向的，见图 5-5。

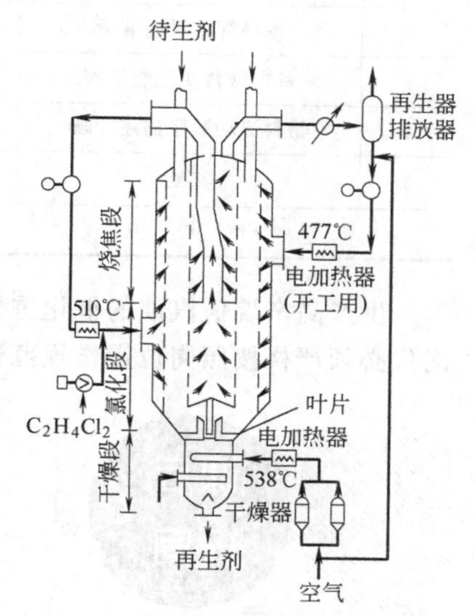

图 5-5 连续重整装置再生器简图

活动 3：图 5-3 是催化重整工艺总流程 DCS 图，在 A3 图纸上绘制图 5-3 工艺总流程图，叙述工艺流程。学生互换 A3 图纸，在教师指导下根据“表 5-3 催化重整工艺总流程图评分标准”进行评分，标出错误，学生纠错。

表 5-3 催化重整工艺总流程图评分标准

序号	考核内容	考核要点	配分	评分标准	扣分	得分	备注
1	准备工作	工具、用具准备	5	工具携带不正确扣 5 分			
2	图纸评分	排布合理，图纸清晰	10	不合理、不清晰扣 10 分			
3		边框	5	格式不正确扣 5 分			
4		标题栏	5	格式不正确扣 5 分			
5		塔器类设备齐全	15	漏一项扣 5 分			
6		主要加热炉、冷换设备齐全	15	漏一项扣 5 分			
7		主要泵齐全	15	漏一项扣 5 分			
8		主要阀门齐全（包括调节阀）	15	漏一项扣 5 分			
9		管线	15	管线错误一条扣 5 分			
合计			100				

活动 4：智能化模拟工厂——催化重整装置“摸”流程。根据图纸查找工艺设备，学生分小组对照工艺模型描述工艺流程（表述清楚设备名称及位置，管路内物料及流向，设备内物料变化等）。在教师指导下根据“表 5-4 工艺流程描述评分标准”进行评分（建议 60min）。

表 5-4　工艺流程描述评分标准

序号	考核要点	配分	评分标准	扣分	得分	备注
1	设备位置对应清楚	20	出现一次错误扣 5 分			
2	物料管路对应清晰	30	出现一次错误扣 5 分			
3	设备内物料变化能够描述	20	出现一次错误扣 5 分			
4	物料流动顺序描述清晰	20	出现一次错误扣 5 分			
5	其他	10	语言流畅，描述清晰			
合计		100				

生产高辛烷值汽油的催化重整车间主要岗位有原料预处理和重整反应岗位，在生产中各岗位必须严格按照岗位操作规范进行操作，以确保生产的正常进行。

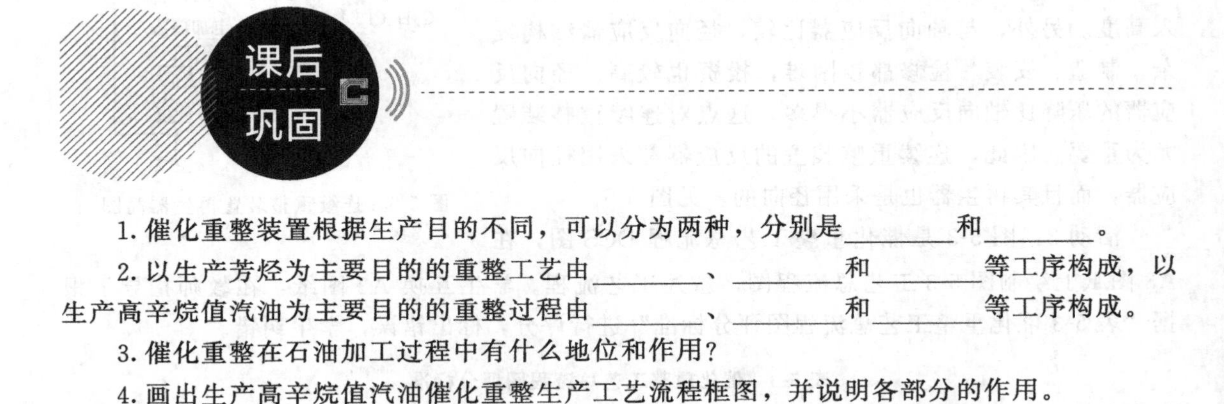

1. 催化重整装置根据生产目的不同，可以分为两种，分别是________和________。

2. 以生产芳烃为主要目的的重整工艺由________、________和________等工序构成，以生产高辛烷值汽油为主要目的的重整过程由________、________和________等工序构成。

3. 催化重整在石油加工过程中有什么地位和作用？

4. 画出生产高辛烷值汽油催化重整生产工艺流程框图，并说明各部分的作用。

任务二 重整原料预处理

1. 掌握重整原料预处理工艺原理。
2. 掌握重整原料预处理装置主要设备及作用。
3. 能够绘制预处理工艺流程图。
4. 能依据工艺流程图描述工艺流程。

催化重整过程所用催化剂价格昂贵，并且容易在多种金属及非金属杂质的作用下中毒而失去催化活性，所以为了提高重整装置运转周期和目的产品收率，必须选择适当的重整原料并予以精制处理。那么，如何选择适宜的重整原料？可以采取什么方法对重整原料进行预处理？

1. 原料预处理的目的

由于催化重整生产方案、选用催化剂不同及重整催化剂本身又比较昂贵和“娇气”，易被多种金属及非金属杂质污染中毒，而失去催化活性。为了提高重整装置运转周期和目的产品收率，则必须选择适当的重整原料并予以精制处理。

2. 馏分组成

不同温度下，石油产品蒸馏出来的物质的组合。

3. 芳烃潜含量

芳烃潜含量是指将重整原料中的环烷烃全部转化为芳烃的芳烃量与原料中原有芳烃量之和占原料的质量分数，%。其计算方法如下：

芳烃潜含量＝苯潜含量＋甲苯潜含量＋C_8 芳烃潜含量

苯潜含量＝C_6 环烷烃×78/84＋苯

甲苯潜含量＝C_7 环烷烃×92/98＋甲苯

C_8 芳烃潜含量＝C_8 环烷烃×106/112＋C_8 芳烃

式中的 78、84、92、98、106、112 分别为苯、六碳环烷烃、甲苯、七碳环烷烃、八碳芳烃和八碳环烷烃的分子量。

重整生成油中的实际芳烃含量与原料的芳烃潜含量之比称为“芳烃转化率”或“重整转化率”。

重整芳烃转化率＝芳烃产率/芳烃潜含量

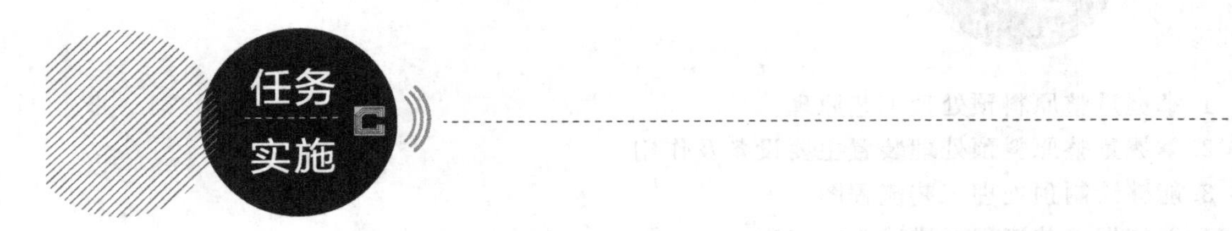

活动 1：化工生产过程中，选择原料的时候，一般会考虑到哪些方面的要求？对于催化重整工艺来说，对原料有哪些要求？小组讨论，形成意见，班内交流。

一、原料的选择

对重整原料的选择主要有三方面的要求，即馏分组成、族组成和毒物及杂质含量。

1. 馏分组成

对重整原料馏分组成选择，是根据生产目的来确定。以生产高辛烷值汽油为目的时，一般以直馏汽油为原料，馏分范围选择 90～180℃，这主要基于以下两点考虑：

(1) ≤C_6 的烷烃本身已有较高的辛烷值，而 C_6 环烷烃转化为苯后，其辛烷值反而下降，而且有部分被裂解成 C_3、C_4 或更低的低分子烃，降低液体汽油产品收率，使装置的经济效益降低。因此，重整原料一般应切取大于 C_6 馏分，即初馏点在 90℃左右。

(2) 因为烷烃和环烷烃转化为芳烃后其沸点会升高，如果原料的终馏点过高则重整汽油的干点会超过规格要求，通常原料经重整后其终馏点升高 6～14℃。因此，原料的终馏点则一般取 180℃。而且原料切取太重，则在反应时焦炭和气体产率增加，使液体收率降低，生产周期缩短。

另外，从全厂综合考虑，为保证航空煤油的生产，重整原料油的终馏点不宜大于 145℃。

以生产芳烃为目的时，则根据表 5-5 选择适宜的馏分组成。

表 5-5 生产各种芳烃时的适宜馏程

目的产物	适宜馏程/℃
苯	60～85
甲苯	85～110
二甲苯	110～145
苯-甲苯-二甲苯	60～145

不同的目的产物需要不同馏分的原料，这主要取决于重整的化学反应。在重整过程中，最主要的反应是芳构化反应，它是在相同碳原子数的烃类上进行的。六碳、七碳、八碳的环烷烃和烷烃，在重整条件下相应地脱氢、异构脱氢和环化脱氢生成苯、甲苯、二甲苯。小于六碳原子的环烷烃及烷烃，则不能进行芳构化反应。C_6 烃类沸点在 60～80℃，C_7 沸点在 90～110℃，C_8 沸点大部分在 120～144℃。

在同时生产芳烃和高辛烷值汽油时可采用 60～180℃宽馏分作重整原料。

2. 族组成

从重整的化学反应可知，芳构化反应速度有差异，其中环烷烃的芳构化反应速度快，对目的产物芳烃收率贡献也大。烷烃的芳构化速度较慢，在重整条件下难以转化为芳烃。因此，环烷烃含量高的原料不仅在重整时可以得到较高的芳烃产率和氢气产率，而且可以采用较大的空速，催化剂积炭少，运转周期较长。一般以芳烃潜含量表示重整原料的族组成。芳烃潜含量越高，重整原料的族组成越理想。

3. 杂质含量

前面已经讨论过重整原料中含有少量的砷、铅、铜、铁、硫、氮等杂质，会使催化剂中毒失活。水和氯的含量控制不当也会造成催化剂活性下降或失活。为了保证催化剂在长周期运转中具有较高的活性和选择性，必须严格限制重整原料中杂质含量，见表 5-6。

表 5-6 重整原料杂质的限制

杂质	铂重整/(μg/g)	双金属及多金属/(μg/g)	杂质	铂重整/(μg/g)	双金属及多金属/(μg/g)
砷	$<2\times10^{-3}$	$<1\times10^{-3}$	硫	<10	<1
铅	$<20\times10^{-3}$	$<5\times10^{-3}$	水	<20	<5
铜	$<10\times10^{-3}$		氯	<5	
氮	<1	<1			

活动 2：图 5-6 为重整原料预处理工艺流程 DCS 图，在 A3 图纸上绘制此工艺流程 PID 图，并叙述工艺流程。小组交流，纠错。

用泵将原料油抽入装置，先经换热器与预分馏塔塔底物料换热，随后进入预分馏塔进行预分馏。预分馏塔一般在 0.3MPa 左右的压力下操作，塔顶温度 60～75℃，塔底温度 40～180℃。预分馏塔塔顶产物经冷凝器冷却后进入回流罐。回流罐顶部不凝气体送往燃料气管网；冷凝液体（拔头油）一部分作为塔顶回流，一部分送出装置作为汽油调和组分或化工原料。预分馏塔塔底设有重沸器（或重沸炉），塔底物料一部分在重沸器内用蒸汽或热载体加热后部分汽化，气相返回塔底，为预分馏塔提供热量；一部分用泵从塔底抽出，经与预分馏塔进料换热后，去预加氢部分，与重整反应产生的氢气混合后与预加氢产物换热，再经加热炉加热后进入预加氢反应器（若原料油需预脱砷，则先经脱砷反应器再进预加氢反应器）。有的装置设有循环氢气压缩机，氢气循环使用，大多数装置氢气采取一次通过方式。预加氢的反应产物从反应器底部流出与预加氢进料换热，再经冷却后进入油气分离器。从油气分离器分出的含氢气体送出装置供其他加氢装置使用。液体从分离器底部流出经换热器进入汽提塔（脱水塔）。汽提塔一般在 0.8～0.9MPa 压力下操作，塔顶温度 85～95℃，塔底温度 185～190℃，塔顶物料经冷凝器冷却后进入回流罐，冷凝液体从回流罐抽出打回塔顶作回流，含 H_2S 的气体从回流罐分出送入燃料气管网。水从回流罐底部分水斗排出。汽提塔底设重沸器作为汽提塔的热源。脱除硫化物、氮化物和水分的塔底物料（即精制油），与该塔进料换热后作为重整反应部分的进料。

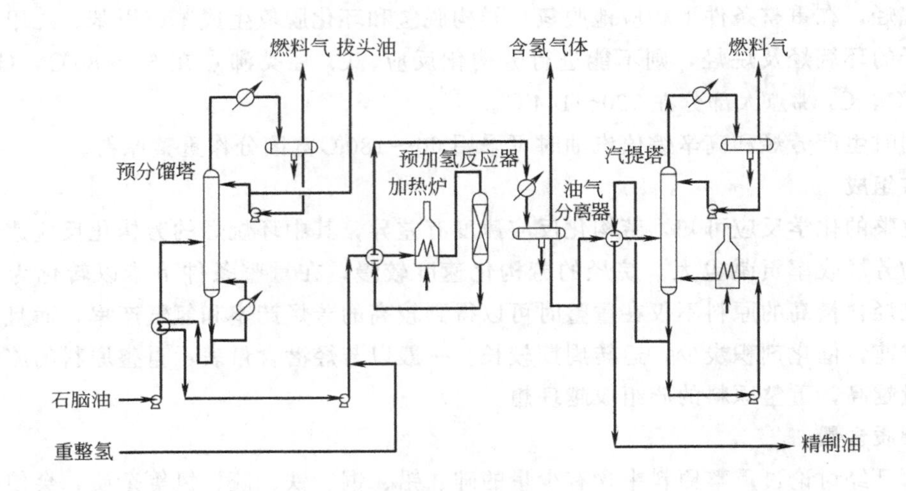

图 5-6　重整原料预处理工艺流程 DCS 图

活动 3：根据图 5-6 及相关资料，思考重整原料预处理工艺包括哪几个过程，每个过程的作用以及主要操作参数分别是什么，完成表 5-7。

表 5-7　重整原料预处理过程及操作控制

过程	作用	主要设备	主要操作参数

二、原料的预处理

重整原料的预处理由预分馏、预加氢、预脱砷等单元组成。

1. 预分馏

在预分馏部分，原料油经过精馏以切除其轻组分（拔头油）。生产芳烃时，一般只切＜60℃馏分。而生产高辛烷值汽油时，切＜90℃的馏分。原料油的干点通常由上游装置控制，少数装置也通过预分馏切除过重馏分，使其馏分组成符合重整装置的要求。

2. 预加氢

预加氢的作用是脱除原料油中对催化剂有害的杂质，使杂质含量达到限制要求。同时也使烯烃饱和以减少催化剂的积炭，从而延长运转周期。

我国主要原油的直馏重整原料在未精制以前，氮、铅、铜的含量都能符合要求，因此加氢精制的目的主要是脱硫，同时通过汽提塔脱水。对于大庆油和新疆油，脱砷也是预处理的重要任务。烯烃饱和和脱氮主要针对二次加工原料。

预加氢是在催化剂和临氢的条件下，将原料中的杂质脱除。含硫、氮、氧等化合物在预加氢条件下发生氢解反应，生成硫化氢、氨和水等，经预加氢汽提塔或脱水塔分离出去。烯烃通过加氢生成饱和烃。烯烃饱和程度用溴价或碘价表示，一般要求重整原料的溴价或碘价<1g/100g 油。砷、铅、铜等金属化合物在预加氢条件下分解成单质金属，然后吸附在催化剂表面。

预加氢催化剂在铂重整中常用钼酸钴或钼酸镍。在双金属或多金属重整中，开发了适应低压预加氢钼钴镍催化剂。这三种金属中，钼为主活性金属，钴和镍为助催化剂，载体为活性氧化铝。一般主活性金属含量为10%～15%，助催化剂金属含量为2%～5%。

3. 预脱砷

砷不仅是重整催化剂最严重的毒物，也是各种预加氢精制催化剂的毒物。因此，必须在预加氢前把砷降到较低程度。重整反应原料含砷量要求在1ng/g以下。如果原料油的含砷量<100ng/g，可不经过单独脱砷，经过预加氢就可符合要求。

目前，工业上使用的预脱砷方法主要有三种：吸附法、氧化法和加氢法。

(1) 吸附法　吸附法是采用吸附剂将原料油中的砷化合物吸附在脱砷剂上而被脱除。常用的脱砷剂是浸渍有5%～10%硫酸铜的硅铝小球。

(2) 氧化法　氧化法是采用氧化剂与原料油混合在反应器中进行氧化反应，砷化合物被氧化后经蒸馏或水洗除去。常用的氧化剂是过氧化氢异丙苯，也有用高锰酸钾的。

(3) 加氢法　加氢法是采用加氢预脱砷反应器与预加氢精制反应器串联，两个反应器的反应温度、压力及氢油比基本相同。预脱砷所用的催化剂是四钼酸镍加氢精制催化剂。

预处理岗位的目的是将重整原料油进行预处理，达到重整装置进料要求；要求平稳操作，保证装置长周期运转；保持设备的正常良好运行，加强设备的管理。

课后巩固

1. 对重整原料的选择主要有三方面的要求，即________、________和________。
2. 以生产高辛烷值汽油为目的时，一般以直馏汽油为原料，馏分范围选________。
3. 重整原料的预处理由________、________、________和________等单元组成。
4. 画出原料预处理的流程简图，并简述流程。
5. 请计算下表三种原料的芳烃潜含量。

烃类	原料 A	原料 B	原料 C
环烷烃(质量分数)/%			
甲基环戊烷	3.91	6.21	4.81
二甲基环戊烷	3.28	2.60	5.33
乙基环戊烷	2.51	1.42	2.34
环己烷	5.29	4.35	7.93
甲基环己烷	9.61	8.56	16.31
C_8 环烷烃	0.85	0.79	11.24
芳烃(质量分数)/%			
苯	0.25	0.85	1.35
甲苯	0.78	5.63	7.82
C_8 芳烃	2.86	3.25	4.23

任务三
重整反应系统操作

1. 掌握重整反应工艺原理。
2. 能够绘制催化重整装置工艺流程图。
3. 能依据工艺流程图描述工艺流程。
4. 能分析影响重整反应的条件及调节控制方法。

重整反应是催化重整工艺的核心环节，通过反应才能达到对原料重整、改善其性能的目的。重整反应过程是如何实现的？设备仪表及参数如何控制调节？

一、催化重整的化学反应

催化重整无论是生产高辛烷值汽油还是芳烃，都是通过化学过程来实现的。因此，必须对重整条件下所进行的反应类型和反应特点有足够的了解和研究。

在催化重整中发生一系列芳构化、异构化、加氢裂化和缩合生焦等复杂的平行和顺序反应。

1. 芳构化反应

凡是生成芳烃的反应都可以叫芳构化反应。在重整条件下芳构化反应主要包括：

（1）六元环脱氢反应

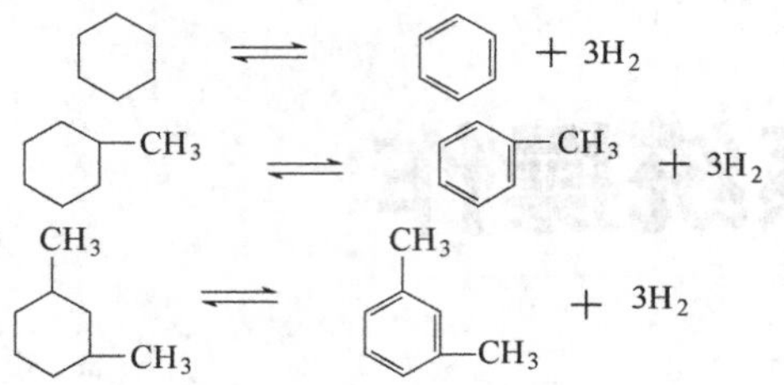

$\rightleftharpoons$ $+ 3H_2$

$-CH_3$ $\rightleftharpoons$ $-CH_3$ $+ 3H_2$

CH_3 $-CH_3$ $\rightleftharpoons$ CH_3 $-CH_3$ $+ 3H_2$

（2）五元环烷烃异构脱氢反应

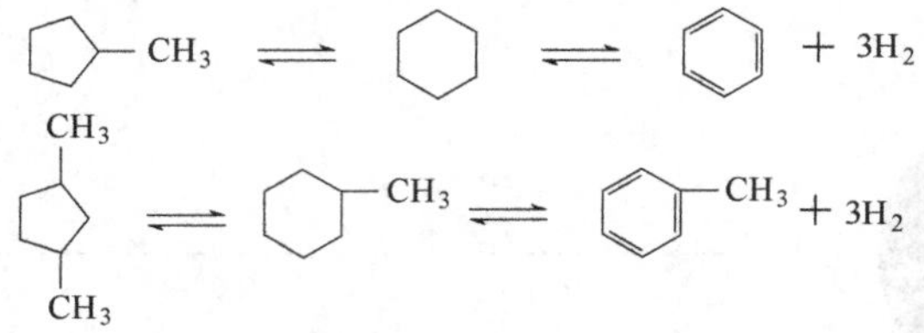

$-CH_3 \rightleftharpoons \rightleftharpoons + 3H_2$

CH_3 CH_3 $\rightleftharpoons$ $-CH_3$ $\rightleftharpoons$ $-CH_3$ $+ 3H_2$

（3）烷烃环化脱氢反应

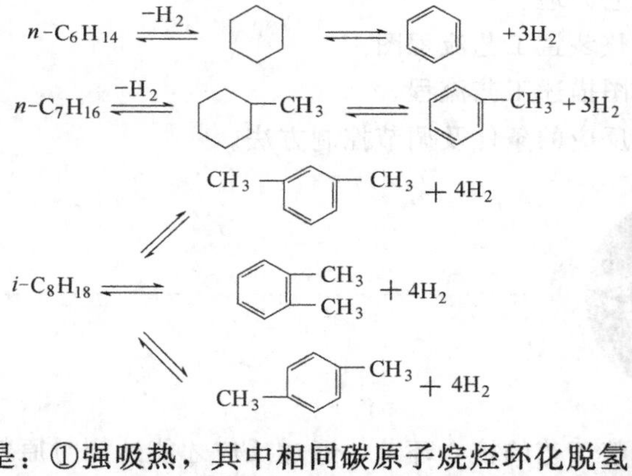

$n\text{-}C_6H_{14} \xrightleftharpoons{-H_2} \rightleftharpoons +3H_2$

$n\text{-}C_7H_{16} \xrightleftharpoons{-H_2} -CH_3 \rightleftharpoons -CH_3 +3H_2$

$i\text{-}C_8H_{18} \rightleftharpoons CH_3-\ -CH_3 + 4H_2$

$i\text{-}C_8H_{18} \rightleftharpoons -CH_3\ -CH_3 + 4H_2$

$i\text{-}C_8H_{18} \rightleftharpoons CH_3-\ -CH_3 + 4H_2$

芳构化反应的特点是：①强吸热，其中相同碳原子烷烃环化脱氢吸热量最大，五元环烷烃异构脱氢吸热量最小，因此，实际生产过程中必须不断补充反应过程中所需的热量；②体积增大，因为都是脱氢反应，这样重整过程可生产高纯度的富产氢气；③可逆，实际过程中可控制操作条件，提高芳烃产率。

2. 异构化反应

$n\text{-}C_7H_{16} \rightleftharpoons i\text{-}C_7H_{16}$

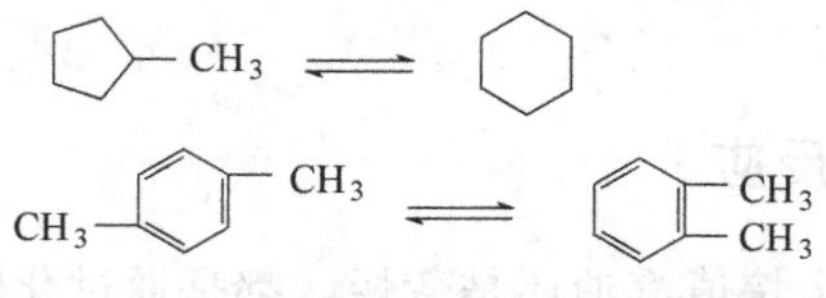

$-CH_3 \rightleftharpoons$

$CH_3-\ -CH_3 \rightleftharpoons -CH_3\ -CH_3$

在催化重整条件下，各种烃类都能发生异构化反应且是轻度的放热反应。异构化反应有利于五元环烷烃异构脱氢生成芳烃，提高芳烃产率。对于烷烃的异构化反应，虽然不能直接生成芳烃，但却能提高汽油辛烷值，并且异构烷烃较正构烷烃容易进行脱氢环化反应。因此，异构化反应对生产汽油和芳烃都有重要意义。

3. 加氢裂化反应

$$n\text{-}C_7H_{16} + H_2 \longrightarrow n\text{-}C_3H_8 + i\text{-}C_4H_{10}$$

$$\text{(环戊基)}-CH_3 + H_2 \longrightarrow CH_3-CH_2-CH_2-\underset{\underset{CH_3}{|}}{CH}-CH_3$$

$$\text{(苯基)}-\underset{\underset{CH_3}{|}}{CH}-CH_3 + H_2 \longrightarrow \text{(苯)} + C_3H_8$$

加氢裂化反应实际上是裂化、加氢、异构化综合进行的反应，也是中等程度的放热反应。由于是按碳正离子反应机理进行反应，因此，产品中小于 C_3 的小分子很少。反应结果生成较小的烃分子，而且在催化重整条件下的加氢裂化还包含有异构化反应，这些都有利于提高汽油辛烷值，但同时由于生成小于 C_5 气体烃，汽油产率下降，并且芳烃收率也下降，因此，加氢裂化反应要适当控制。

4. 缩合生焦反应

在重整条件下，烃类还可以发生叠合和缩合等分子增大的反应，最终缩合成焦炭，覆盖在催化剂表面，使其失活。因此，这类反应必须加以控制，工业上采用循环氢保护，一方面使容易缩合的烯烃饱和，另一方面抑制芳烃深度脱氢。

二、催化重整催化剂

1. 重整催化剂的组成

工业重整催化剂分为两大类：非贵金属和贵金属催化剂。

非贵金属催化剂，主要有 Cr_2O_3/Al_2O_3、MoO_3/Al_2O_3 等，其主要活性组分多属元素周期表中第Ⅵ族金属元素的氧化物。这类催化剂的性能较贵金属低得多，目前工业上已淘汰。

贵金属催化剂，主要有 $Pt\text{-}Re/Al_2O_3$、$Pt\text{-}Sn/Al_2O_3$、$Pt\text{-}Ir/Al_2O_3$ 等系列，其活性组分主要是元素周期表中第Ⅷ族的金属元素，如铂、钯、铱、铑等。

贵金属催化剂由活性组分、助催化剂和载体构成。

(1) 活性组分　由于重整过程有芳构化和异构化两种不同类型的理想反应。因此，要求重整催化剂具备脱氢和裂化、异构化两种活性功能，即重整催化剂的双功能。一般由一些金属元素提供环烷烃脱氢生成芳烃、烷烃脱氢生成烯烃等脱氢反应功能，也叫金属功能；由卤素提供烯烃环化、五元环异构等异构化反应功能，也叫酸性功能。通常情况下，把提供活性功能的组分又称为主催化剂。

① 铂　活性组分中所提供的脱氢活性功能，目前应用最广的是贵金属 Pt。一般来说，催化剂的活性、稳定性和抗毒物能力随铂含量的增加而增强。但铂是贵金属，其催化剂的成本主要取决于铂含量，研究表明：当铂含量接近于1%时，继续提高铂含量几乎没有裨益。随着载体及催化剂制备技术的改进，使得分布在载体上的金属能够更加均匀地分散，重整催化剂的铂含量趋向于降低，一般为0.1%～0.7%。

② 卤素　活性组分中的酸性功能一般由卤素提供，随着卤素含量的增加，催化剂对异构化和加氢裂化等酸性反应的催化活性也增加。在卤素的使用上通常有氟氯型和全氯型两

种。氟在催化剂上比较稳定，在操作时不易被水带走，因此氟氯型催化剂的酸性功能受重整原料含水量的影响较小。一般氟氯型新鲜催化剂含氟和氯约为1%，但氟的加氢裂化性能较强，使催化剂的选择性变差。氯在催化剂上不稳定，容易被水带走，通过注氯和注水控制催化剂酸性，从而使重整催化剂的双功能很好地配合。一般新鲜全氯型催化剂的氯含量为0.6%～1.5%，实际操作中要求氯稳定在0.4%～1.0%。

(2) 助催化剂　助催化剂是指本身不具备催化活性或活性很弱，但其与主催化剂共同存在时，能改善主催化剂的活性、稳定性及选择性。近年来重整催化剂的发展主要是引进第二、第三及更多的其他金属作为助催化剂。一方面，减小铂含量以降低催化剂的成本；另一方面，改善铂催化剂的稳定性和选择性。这种含有多种金属元素的重整催化剂叫双金属或多金属催化剂。目前，双金属和多金属重整催化剂主要有以下三大系列。

① 铂铼系列。与铂催化剂相比，初活性没有很大改进，但活性、稳定性大大提高，且容碳能力增强（铂铼催化剂容碳量可达20%，铂催化剂仅为3%～6%），主要用于固定床重整工艺。

② 铂铱系列。在铂催化剂中引入铱可以大幅度提高催化剂的脱氢环化能力。铱是活性组分，它的环化能力强，其氢解能力也强，因此在铂铱催化剂中常常加入第三组分作为抑制剂，改善其选择性和稳定性。

③ 铂锡系列。铂锡催化剂的低压稳定性非常好，环化选择性也好，其较多地应用于连续重整工艺。

(3) 载体　载体也叫担体。一般来说，载体本身并没有催化活性，但是具有较大的比表面积和较好的机械强度，它能使活性组分很好地分散在其表面，从而更有效地发挥其作用，节省活性组分的用量，同时也提高催化剂的稳定性和机械强度。目前，作为重整催化剂的常用载体有η-Al_2O_3和γ-Al_2O_3。η-Al_2O_3的比表面积大，氯保持能力强，但热稳定性和抗水能力较差，因此目前重整催化剂常用γ-Al_2O_3作载体。载体应具备适当的孔结构，孔径过小不利于原料和产物的扩散，易于在微孔口结焦，使内表面不能充分利用而使活性迅速降低。采用双金属或多金属催化剂时，操作压力较低，要求催化剂有较大的容焦能力以保证稳定的活性。因此这类催化剂的载体的孔容和孔径要大一些，这一点从催化剂的堆积密度可看出，铂催化剂的堆积密度为0.65～0.80g/cm^3，多金属催化剂则为0.45～0.68g/cm^3。

2. 重整催化剂评价

重整催化剂评价主要从化学组成、物理性质及使用性能三个方面进行。

(1) 化学组成　重整催化剂的化学组成涉及活性组分的类型和含量，助催化剂的种类及含量，载体的组成和结构。主要指标有：金属含量、卤素含量、载体类型及含量等。

(2) 物理性质　重整催化剂的物理性质主要是催化剂化学组成、结构和配制方法所导致的物理特性。主要指标有：堆积密度、比表面积、孔体积、孔半径、颗粒直径等。

(3) 使用性能　由催化剂的化学组成和物理性质、原料组成、操作方法及操作条件共同作用，使重整催化剂在使用过程导致结果的差异。主要指标有：活性、选择性、稳定性、再生性能、机械强度、寿命等。

① 再生性能。重整催化剂由于积炭等原因而造成失活可通过再生来恢复其活性，但催化剂经再生后很难恢复到新鲜催化剂的水平。这是由于有些失活不能恢复（永久性的中毒）；再生过程中由于热等作用造成载体表面积减小和金属分散度下降而使活性降低。因此，每次催化剂再生后其活性只能达到再生前的85%～95%，当它的活性不再满足要求就需要更换

新鲜催化剂。

② 机械强度。催化剂在使用过程中，由于装卸或操作条件等原因导致催化剂颗粒粉碎，造成床层压降增大、压缩机能耗增加，同时也对反应不利。因此要求催化剂必须具有一定的机械强度。工业上常以耐压强度（Pa 或 N/粒）表示重整催化剂的机械强度。

催化重整中，会发生一系列复杂的平行和顺序反应。

活动 1：根据知识积累及所查阅的资料，归纳催化重整中会发生的反应类型，完成表 5-8。

表 5-8　催化重整过程中发生的反应类型

反应类型	反应式(举例)

活动 2：催化重整反应控制方案认知

1. 图 5-7 是重整反应部分 DCS 图，在 DCS 图中找出催化重整反应岗控制仪表，完成表 5-9 重整反应岗主要控制仪表。

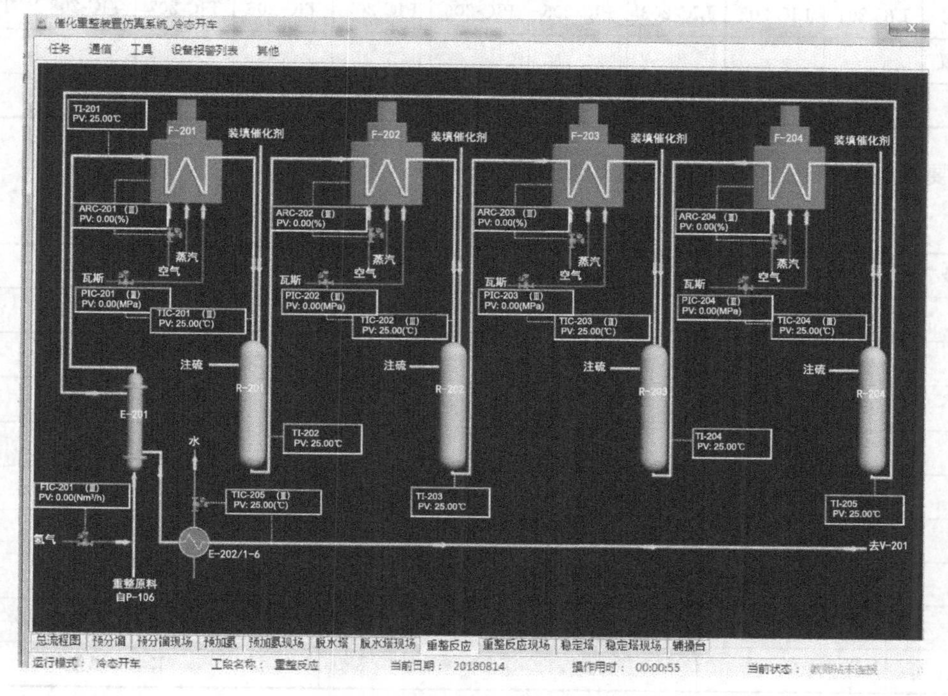

图 5-7　重整反应部分 DCS 图

催化重整工艺重整反应岗主要仪表包括控制仪表和显示仪表。请对照重整反应 DCS 图找出表 5-9 重整反应岗主要控制仪表的位置并说明作用。

表 5-9 重整反应岗主要控制仪表

序号	1	2	3	4	5	6	7	8	9	10
仪表位号	FIC-101	FIC-102	LIC-101	LIC-102	PIC-101	TIC-101	TIC-102	TIC-103	TIC-104	FIC-103
仪表位置										
作用										
序号	11	12	13	14	15	16	17	18	19	20
仪表位号	FIC-104	FIC-105	FIC-106	FIC-107	LIC-103	PIC-102	TIC-105	TIC-106	FIC-108	FIC-109
仪表位置										
作用										
序号	21	22	23	24	25	26	27	28	29	30
仪表位号	LIC-104	LIC-105	LIC-106	PIC-103	TIC-108	TIC-109	TIC-110	FIC-201	PIC-201	PIC-202
仪表位置										
作用										
序号	31	32	33	34	35	36	37	38	39	40
仪表位号	PIC-203	PIC-204	TIC-201	TIC-202	TIC-203	TIC-204	TIC-205	FIC-202	FIC-203	FIC-204
仪表位置										
作用										
序号	41	42	43	44	45	46	47	48	49	50
仪表位号	LIC-201	LIC-202	LIC-203	PIC-205	PIC-206	PIC-207	TIC-206	TIC-207	TIC-208	TIC-209
仪表位置										
作用										

主要控制仪表的位号、正常值及说明见表 5-10。

表 5-10 重整反应岗主要控制仪表位号、正常值及说明

序号	位号	正常值	单位	说明
1	FIC-101	22525	kg/h	T-101 进料流量
2	FIC-102	20272.5	kg/h	T-101 回流流量
3	LIC-101	50	%	T-101 液位
4	LIC-102	50	%	V-101 液位
5	PIC-101	0.30	MPa	T-101 塔顶压力
6	TIC-101	100	℃	T-101 进料温度
7	TIC-102	45	℃	V-101 进料温度
8	TIC-103	80	℃	T-101 回流温度
9	TIC-104	155	℃	E-103 温度

续表

序号	位号	正常值	单位	说明
10	FIC-103	15542.25	kg/h	E-105 汽油进料流量
11	FIC-104	3000	m^3/h	E-105 氢气(标准态)进料流量
12	FIC-105	114	kg/h	F-101 瓦斯进料流量
13	FIC-106	18750	kg/h	重石脑油进料流量
14	FIC-107	38019	kg/h	V-102 流量
15	LIC-103	50	%	V-102 液位
16	PIC-102	1.0	MPa	V-102 出口压力
17	TIC-105	310	℃	F-101 温度
18	TIC-106	30	℃	E-107 温度
19	FIC-108	36726.35	kg/h	V-104 流量
20	FIC-109	570.29	kg/h	T-102 塔顶回流流量
21	LIC-104	50	%	V-103 液位
22	LIC-105	50	%	T-102 液位
23	LIC-106	50	%	T-103 液位
24	PIC-103	0.8	MPa	T-102 塔顶压力
25	TIC-108	53	℃	V-103 入口温度
26	TIC-109	78	℃	T-102 塔顶回流温度
27	TIC-110	205	℃	T-102 塔底再沸温度
28	FIC-201	7000	m^3/h	E-201 入口氢气(标准态)流量
29	PIC-201	1.78	MPa	F-201 压力
30	PIC-202	1.78	MPa	F-202 压力
31	PIC-203	1.78	MPa	F-203 压力
32	PIC-204	1.78	MPa	F-204 压力
33	TIC-201	500	℃	F-201 温度
34	TIC-202	500	℃	F-202 温度
35	TIC-203	500	℃	F-203 温度
36	TIC-204	500	℃	F-204 温度
37	TIC-205	69	℃	V-201 入口温度
38	FIC-202	38150.65	kg/h	V-201 流量
39	FIC-203	2012.45	kg/h	T-201 塔顶回流流量
40	FIC-204	29712.55	kg/h	T-201 塔底流量
41	LIC-201	50	%	V-201 液位
42	LIC-202	50	%	V-202 液位
43	LIC-203	50	%	T-201 液位

续表

序号	位号	正常值	单位	说明
44	PIC-205	1.0	MPa	V-201 出口压力
45	PIC-206	0.6	MPa	T-201 压力
46	PIC-207	0.93	MPa	T-201 塔底循环压力
47	TIC-206	44	℃	E-204 温度
48	TIC-207	70	℃	T-201 塔顶回流温度
49	TIC-208	232	℃	T-201 塔底再沸温度
50	TIC-209	40	℃	E-205 温度

2. 对照重整反应 DCS 图找出催化重整反应岗显示仪表，完成表 5-11 重整反应岗主要显示仪表。

表 5-11 重整反应岗主要显示仪表

序号	1	2	3	4	5	6	7	8
仪表位号	TI-101	PI-101	PI-102	PI-103	PI-104	TI-102	TI-103	TI-104
仪表位置								
作用								
序号	9	10	11	12	13	14	15	16
仪表位号	TI-105	TI-201	TI-202	TI-203	TI-204	TI-205	TI-206	TI-207
仪表位置								
作用								

主要显示仪表的位号、正常值及说明见表 5-12。

表 5-12 重整反应岗主要显示仪表位号、正常值及说明

序号	位号	正常值	单位	说明
1	TI-101	140	℃	T-101 塔底温度
2	PI-101	1.5	MPa	R-102 入口压力
3	PI-102	1.3	MPa	R-102 出口压力
4	PI-103	1.23	MPa	R-101 入口压力
5	PI-104	1.13	MPa	R-101 出口压力
6	TI-102	203	℃	E-105 温度
7	TI-103	267	℃	R-101 入口温度
8	TI-104	199	℃	T-102 塔底温度
9	TI-105	162	℃	T-102 入口温度
10	TI-201	392	℃	E-201 出口温度
11	TI-202	460	℃	R-201 温度

续表

序号	位号	正常值	单位	说明
12	TI-203	467	℃	R-202 温度
13	TI-204	483	℃	R-203 温度
14	TI-205	493	℃	R-204 温度
15	TI-206	210	℃	T-201 塔底温度
16	TI-207	133	℃	T-201 入口温度

活动 3：带控制点的工艺流程图绘制。根据图 5-7 重整反应部分 DCS 图，在 A4 图纸上绘制重整反应 PID 图。

活动 4：登录催化重整装置仿真操作系统，进入重整反应正常操作界面，进行参数的正常调节，重整反应操作的主要工艺参数见表 5-13；分析 PIC-201 和 FIC-201 参数异常的影响因素及调节方法，完成表 5-14。

表 5-13　重整反应操作的主要工艺参数

序号	工艺参数	影响
1	反应温度	提高反应温度不仅能使化学反应速度加快，而且对强吸热的脱氢反应的化学平衡也很有利，提高反应温度会使加氢裂化反应加剧、液体产物收率下降，催化剂积炭加快及受到设备材质和催化剂耐热性能的限制。因此，在选择反应温度时应综合考虑各方面的因素
2	反应压力	提高反应压力对生成芳烃的环烷烃脱氢、烷烃环化脱氢反应都不利，但对加氢裂化反应却有利。因此，从增加芳烃产率的角度来看，希望采用较低的反应压力。在较低的压力下可以得到较高的汽油产率和芳烃产率，氢气的产率和纯度也较高。但是在低压下催化剂受氢气保护的程度下降，积炭速度较快，从而使操作周期缩短
3	空速	降低空速可以使反应物与催化剂的接触时间延长。环烷烃脱氢反应的速度很快，在重整条件下很容易达到化学平衡，空速的大小对这类反应影响不大；而烷烃环化脱氢反应和加氢裂化反应速度慢，空速对这类反应有较大的影响。所以，在加氢裂化反应影响不大的情况下，适当采用较低的空速对提高芳烃产率和汽油辛烷值有好处
4	氢油比	在总压不变时提高氢油比，意味着提高氢分压，有利于抑制生焦反应。但提高氢油比使循环氢量增加，压缩机动力消耗增加。在氢油比过大时，会由于减少了反应时间而降低了转化率

表 5-14　重整反应器变量影响因素及调节方法

位号	正常值	异常值	影响因素	调节方法
PIC-201	1.78MPa	2.0MPa		
FIC-201	$7000m^3/h$	$5000m^3/h$		

课后巩固

1. 催化重整中能发生的反应类型有______、______、______和______，其中，芳构化反应包含______、______和______三种。
2. 工业重整催化剂分为______和______两大类。
3. 贵金属催化剂由______、______和______构成。
4. 重整催化剂的双功能是指______和______。
5. 简述催化重整中发生的反应类型及特点。
6. 影响重整反应的主要因素有______、______、______、______和______等。
7. 影响重整反应过程的因素有哪些？这些因素如何影响最终产品的分布？

任务四
催化重整装置仿真操作

1. 掌握催化重整装置仿真操作的开车、停车过程。
2. 会分析并且能够处理催化重整装置仿真操作的故障。

催化重整过程的工艺操作参数主要包括温度、液面、压力，通过催化重整装置的开车、停车、故障处理的操作，进一步提高分析处理异常现象的能力。

催化重整装置操作主要包括冷态开车、正常停车、紧急停车、故障处理四个部分，在每一部分操作的过程中主要对温度、液面、压力三个工艺参数进行调节。

活动 1：根据操作规程进行 DCS 仿真系统的冷态开车操作，分析和处理操作过程中出现的异常现象，做好记录。

冷链开车操作主要为以下六个过程。

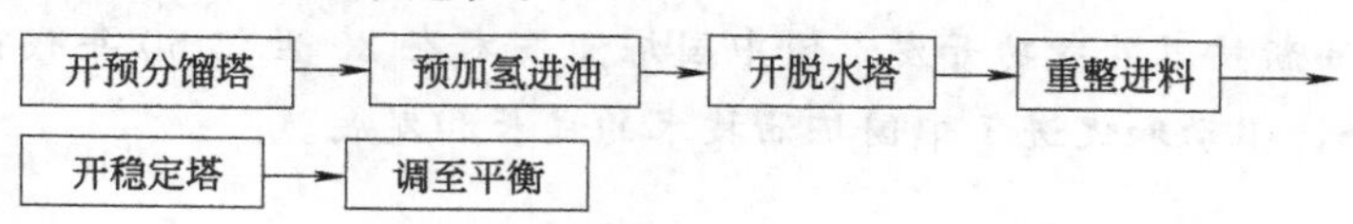

扫描二维码，学习冷态开车操作规程。

活动 2：根据操作规程进行 DCS 仿真系统的停车操作，分析和处理操作过程中出现的异常现象，做好记录。

扫描二维码，学习正常停车操作规程。

活动 3：催化重整装置事故一——循环水中断、事故二——重整原料中断、事故三——供电中断，学生先写出事故的处理步骤，与操作规程比较、完善，进行事故处理的操作。

扫描二维码，学习催化重整装置事故处理操作规程。

活动 4：两人一组同时登录 DCS 系统和 VRS 交互系统协作完成装置冷态开车仿真操作。

归纳总结操作过程出现异常现象的原因，找出调节方法。

拓展阅读

石油工业的开拓者和奠基人——侯祥麟

侯祥麟（1912.4.4—2008.12.8），广东省汕头人，中国化学工程学家，燃料化工专家，中国科学院院士，中国工程院院士。

侯祥麟是中国炼油技术的奠基人和石油化工技术的开拓者之一，组织领导和指导支持了大量科技攻关，为国家填补了石油化工领域的许多重大科技空白，解决了石油化工产业发展中的许多重大问题，提出了许多国家科技进步和长远发展的重要建议。侯祥麟同志作为中国炼油技术的奠基人，解决了国产喷气燃料对镍铬合金火焰筒烧蚀的关键问题。他还领导研制出多种特殊润滑材料，满足了中国发展原子弹、导弹、卫星和新型喷气飞机的需要。侯祥麟还领导了流化催化裂化、催化重整、延迟焦化、尿素脱蜡及有关的催化剂、添加剂等“五朵金花”炼油新技术的成功开发，使中国炼油技术在 20 世纪 60 年代前期很快接近了当时的世界水平，推动和促进了中国炼油技术的成长和发展。

模块六

延迟焦化装置操作

延迟焦化是一种石油二次加工技术，也是石油焦化中的一种主要加工过程。该过程以贫氢的重质油（如减压渣油、裂化渣油等）为原料，在高温和长反应时间条件下，进行深度的热裂化和缩合反应的热加工过程，原料转化为富气、汽油、柴油、蜡油（重馏分油）和焦炭。它是目前世界渣油深度加工的主要方法之一，处理能力占渣油处理能力的1/3。延迟焦化是炼油厂提高轻质油收率和生产石油焦的主要手段，在我国炼油工业中发挥着重要的作用。

任务一
工艺流程认知

1. 掌握延迟焦化工艺原理。
2. 掌握延迟焦化装置主要设备及作用。
3. 能够绘制延迟焦化装置工艺流程图。
4. 能依据工艺流程图说明工艺流程。

延迟焦化是重油轻质化的重要手段，是渣油的主要加工方法。延迟焦化过程是如何实现的？在此过程中需要用到什么样的装置和设备？工艺流程是什么？

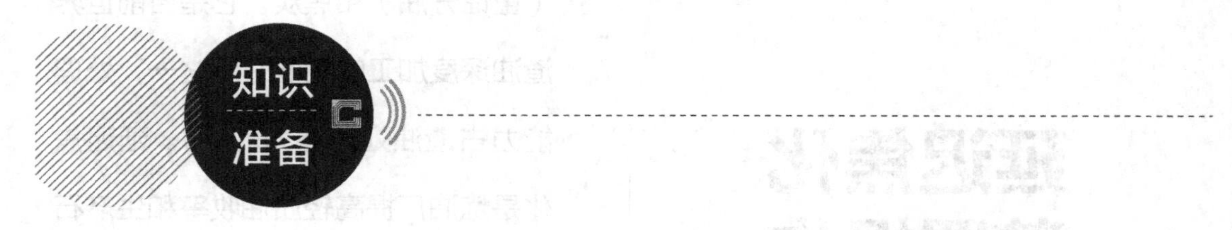

一、延迟焦化在石油加工中的地位

延迟焦化装置占全世界焦化装置的85%以上。我国延迟焦化装置发展很快，到2004年，建成投产的焦化装置总加工能力已达3245万吨/年。随着加工含硫原油数量的增加，循环流化床（CFB）锅炉处理高硫石油焦的应用，延迟焦化将得到进一步发展和推广。

二、延迟焦化的特点

延迟焦化的特点是：将重质渣油以很高的流速，在高热条件下通过加热炉管，在短时间内达到反应温度后，迅速离开加热炉，进入焦炭塔的反应空间，使裂化缩合反应“延迟”到焦炭塔内进行，由此得名“延迟焦化”。

三、延迟焦化原料和产品

1. 焦化原料

用作焦化的原料主要有减压渣油、常压重油、减黏裂化渣油、脱沥青油、热裂化焦油、催化裂化澄清油、裂解渣油及煤焦油沥青等。选择焦化原料时主要参考原料的组成和性质，如密度、残炭值、硫含量、金属含量等指标，以预测焦化产品的分布和质量。

2. 焦化产品

焦化产品的分布和质量受原料的组成和性质、工艺过程、反应条件等多种因素影响。表6-1列出不同原料和操作条件下焦化产品收率数据。

表 6-1 焦化产品收率数据

原料来源	反应温度/℃	气体收率/%	液体收率/%	焦炭收率/%	焦炭硫含量/%
大庆	500	6.56	76.57	16.37	0.38
胜利	498	7.24	71.94	20.32	1.21
伊朗	497	9.78	61.00	28.73	4.41
阿曼	498	9.06	67.75	22.69	3.21

典型的操作条件下，延迟焦化过程产品收率为：焦化气体 7%～10%（液化气＋干气）；焦化汽油 8%～15%；焦化柴油 26%～36%；焦化蜡油 20%～30%；焦炭16%～23%。

其中焦化汽油中烯烃、硫、氮和氧含量高，安定性差，需经脱硫化氢、硫醇等精制过程才能作为调和汽油的组分。焦化柴油的十六烷值高，凝固点低。但烯烃、硫、氮、氧及金属含量高，安定性差，需经脱硫、氮杂质和烯烃饱和的精制过程，才能作为合格的柴油组分。焦化蜡油是指350～500℃的焦化馏出油，又叫焦化瓦斯油（CGO），可以作为催化裂化原料油，也可作为调和燃料油组分。焦炭，又叫石油焦，可用作固体燃料，也可经煅烧及石墨化后，制造炼铝和炼钢的电极。

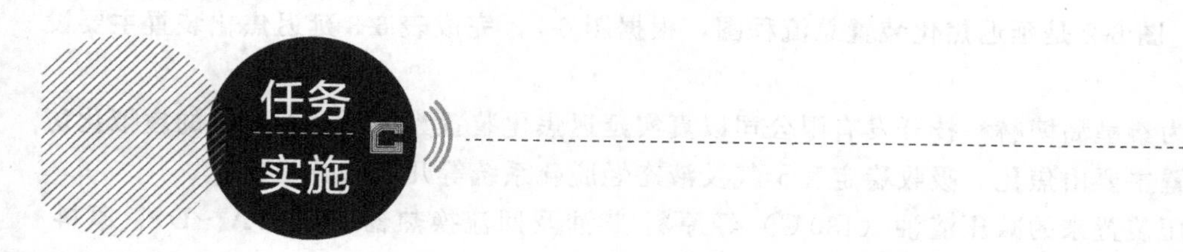

延迟焦化工艺是以渣油为原料，经加热炉加热到高温（500℃左右），迅速转移到焦炭塔中进行深度热裂化反应，即把焦化反应延迟到焦炭塔中进行，减轻炉管结焦程度，延长装置运行周期。焦化过程产生的油气从焦炭塔顶部出来到分馏塔中进行分馏，可获得焦化干气、汽油、柴油、蜡油产品；留在焦炭塔中的焦炭经除焦系统处理，可获得焦炭产品（也称石

油焦）。

活动 1：根据知识积累及查阅的资料，归纳总结延迟焦化工艺的产品及用途，完成表 6-2。

表 6-2　延迟焦化产品及用途

序号	产品	走向	用途
1			
2			
3			
4			
5			
6			

延迟焦化装置目前已能处理包括直馏（减黏、加氢裂化）渣油、裂解焦油和循环油、焦油砂、沥青、脱沥青焦油、澄清油以及煤的衍生物、催化裂化油浆、炼厂污油（泥）等 60 余种原料。该工艺过程所产生的气体含有较多的甲烷、乙烷以及少量的丙烯、丁烯等，可用作燃料或制氢原料；焦化汽油和焦化柴油安定性很差，其中不饱和烃、硫、氮等的含量都比较高，必须经过加氢精制等精制过程后方可作为发动机燃料；焦化蜡油主要作为加氢裂化或催化裂化的原料，也可作为调和燃料油；焦炭除了可用作燃料外，还可用于高炉炼铁，也可用于制造炼铝、炼钢的电极等。图 6-1 是延迟焦化装置产品及走向。

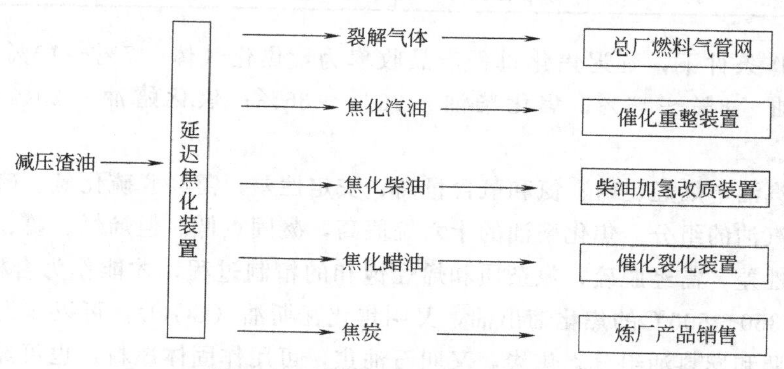

图 6-1　延迟焦化装置产品及走向

活动 2：图 6-2 是延迟焦化装置总流程图，根据图 6-2，完成表 6-3 延迟焦化装置主要设备表。

本系统为秦皇岛博赫科技开发有限公司以真实延迟焦化装置为原型开发研制的虚拟化仿真系统，装置主要由焦化、吸收稳定和干气及液态烃脱硫系统等几个部分组成。

自常减压装置来的减压渣油（130℃）经原料-柴油及回流换热器（E101A～D）、原料-轻蜡油换热器（E102A，B）、原料-中段回流换热器（E103）、原料-重蜡油及回流换热器（E104）换热后与焦化分馏塔塔底循环油混合后，335℃进入加热炉进料缓冲罐（V102），然后由加热炉进料泵（P102A，B）抽出入炉 F101，加热到 500℃左右经过四通阀进入焦炭塔（T101A，B）底部。

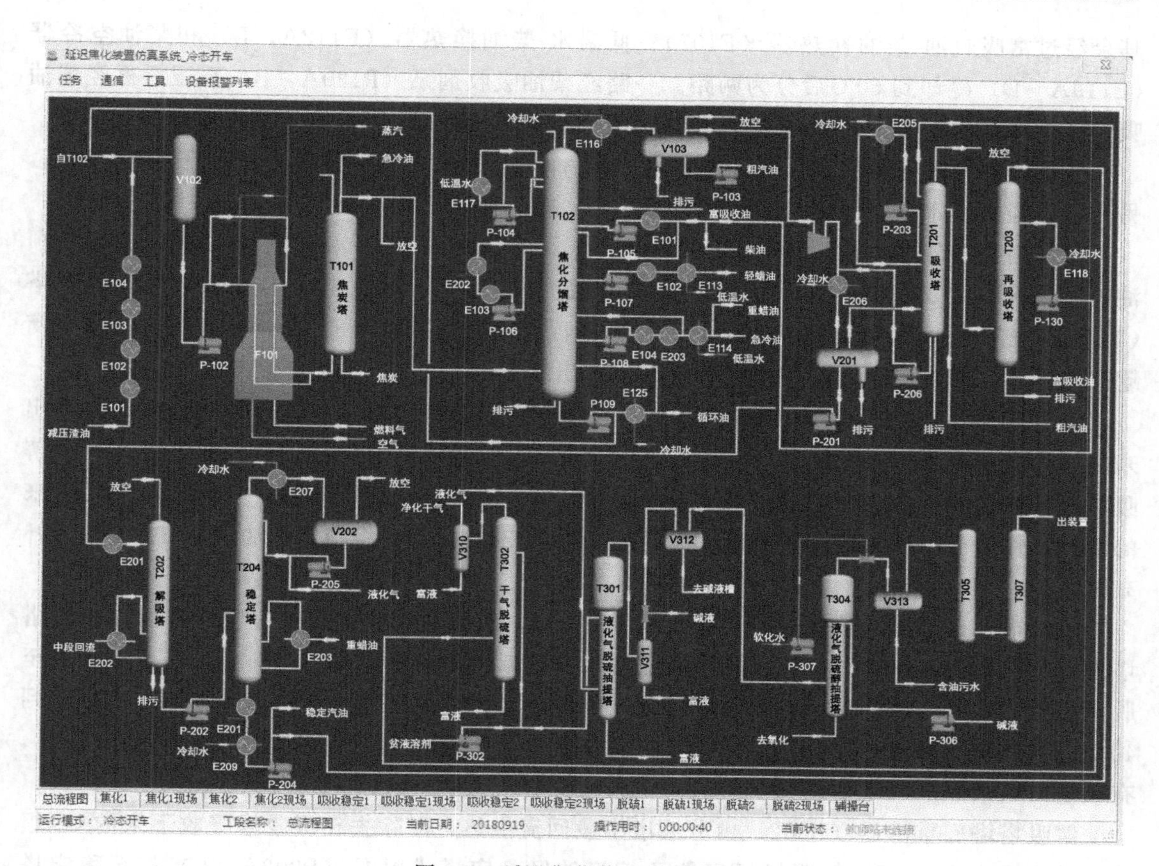

图 6-2　延迟焦化装置总流程图

原料在焦炭塔内进行裂解和缩合反应，生成焦炭和油气。高温油气自焦炭塔塔顶至分馏塔下段，经过洗涤板从蒸发段上升进入集油箱以上分馏段，分馏出富气、汽油、柴油和蜡油馏分；焦炭聚集在焦炭塔内。

循环油自塔底抽出，经泵（P109A，B）升压后分为两部分，一部分返回原料油进料线与渣油混合；另一部分经换热器 E105A～D、循环油蒸气发生器（E125）换热后作为冷洗油返回焦化分馏塔人字塔板上部和塔底部。

重蜡油从蜡油集油箱中由重蜡油泵（P108A，B）抽出，一部分作为内回流返回分馏塔；另一部分经 E104、稳定塔塔底重沸器（E203）换热后，重蜡油回流返回分馏塔，另外重蜡油再经过重蜡油蒸气发生器（E106）、低温水-重蜡油换热器（E114A，B）换热到 80℃后再分为两路，一路作为急冷油与焦炭塔塔顶油气混合，另一路重蜡油出装置。

轻蜡油从分馏塔自流进入轻蜡油汽提塔（T103），塔顶油气返回焦化分馏塔，塔底油由轻蜡油泵（P107A，B）抽出，经换热器（E102A，B）、除氧水-轻蜡油换热器（E110A，E110B）、低温水-轻蜡油换热器（E113A，B）换热到 80℃后出装置。

中段回流由中段回流泵（P106A，B）抽出，经换热器（E103）、解吸塔底重沸器（E202）后，返回分馏塔。

柴油由柴油泵（P105A，B）抽出后，一部分作为内回流返塔，一部分经柴油及回流蒸汽发生器（E111）、E101A～D 换热至 170℃后再分为两路。一部分作为回流返回分馏塔，其余经过富吸收油-柴油换热器（E107）、低温水-柴油换热器（E112A，B）和柴油空冷器（E119A～D）冷却到60℃后分为两路。一路经柴油吸收剂泵（P130A，B）升压后再经柴油吸收剂冷却器（E118）冷到40℃，作为吸收剂进入再吸收塔（T203）；另一路柴油出装置。

分馏塔顶循环回流由顶循环回流泵（P104A，B）抽出，一部分作为内回流返回分馏塔，另一部分经低温水-顶循环换热器（E117A，B）冷却到99℃返塔。

分馏塔顶油气（119℃）经过分馏塔顶后冷器（E116A～D）冷却到40℃进入分馏塔顶油气分离罐（V103）进行油、气、水分离，汽油由汽油泵（P103A，B）抽出送至吸收塔（T201）。富气至富气压缩机（C501）升压，经混合富气冷凝器（E206A～D）进入进料平衡罐（V201）。V201和V103所产生的含硫污水出装置。

经过压缩、富气冷凝器冷却后的富气进入进料平衡罐（V201）进行气液分离，分离出来的气体进入吸收塔（T201）下部；分离出来的凝缩油经解吸塔进料泵（P201A，B）和解吸塔进料换热器（E201）换热到80℃进入解吸塔（T202）顶部。由泵（P103A，B）送来的粗汽油作为T201的富气吸收剂。稳定汽油泵（P204A，B）将稳定汽油送至T201作为补充吸收剂。

吸收塔顶部出来的贫气进入再吸收塔（T203），用柴油吸收剂再次吸收，以回收吸收塔塔顶携带出来的汽油组分。再吸收塔塔底富吸收油返回焦化分馏塔（T102），塔顶干气送至脱硫装置。吸收塔塔底油，与解吸塔塔顶气体混合经混合富气冷凝器（E206A～D）冷却到40℃进入进料平衡罐（V201）。吸收塔设置一个中段回流，用于取走吸收塔中的多余热量，有效地回收余热。

解吸塔塔底重沸器（E202）由分馏塔中段回流供热，以除去在吸收塔吸收下来的C_2组分，塔底温度为71℃。解吸塔塔底脱乙烷汽油经稳定塔进料泵（P202A，B）打至稳定塔（T204）。塔顶气经稳定塔塔顶空冷器（E207）冷凝后，进入稳定塔塔顶回流罐（V202）。分离出的液化石油气由稳定塔塔顶回流泵抽出，将一部分液化石油气送至脱硫装置，另一部分作为稳定塔塔顶回流；塔底稳定汽油在重沸器（E203）中被焦化分馏塔来的重蜡油加热以脱除汽油中的C_3、C_4组分。由T204塔底出来的稳定汽油经E201、低温水-稳定汽油换热器（E208A，B）、稳定汽油冷却器（E209A，B）冷却到40℃后分两路，一路稳定汽油出装置，另一路经稳定汽油泵（P204A，B）升压后送回吸收塔作补充吸收剂。

自泵（P205A，B）来的液化气，直接进入液化气脱硫抽提塔（T301），用浓度为30%的甲基二乙醇胺溶液进行溶液抽提，脱除硫化氢后的液化石油气经液化石油气胺液回收器（V311）分液后，送至石油气-碱液混合器。

自T203来的干气，经干气分液罐（V302）分液后，进入干气脱硫塔（T302），与浓度为30%的甲基二乙醇胺溶液逆流接触，干气中的硫化氢被溶剂吸收，塔顶净化干气经净化干气胺液回收器（V310）分液后，送至工厂燃料气管网。

液化气脱硫抽提塔（T301）以及干气脱硫塔（T302）的塔底富液合并送至溶剂再生装置再生。再生后的贫液由溶剂再生装置直接送至溶剂储罐（V301），经溶剂升压泵（P302A，B）送至液化气脱硫抽提塔和干气脱硫塔循环使用。

液化气自液化气胺液回收器（V311）来，经液化气-碱液混合器与10%碱液混合后，进入液化气预碱洗沉降罐（V312），经沉降分离后，碱液循环使用。液化气至液化气脱硫醇抽提塔（T304），用溶解有磺化酞菁钴催化剂的碱液进行液液抽提，脱硫醇后的液化石油气再用软化水水洗以除去微量碱，经液化气砂滤塔（T305）进一步分离碱雾、水分，再经液化气脱硫吸附塔（T307）精脱硫后送至罐区。

写出干气的生产流程。

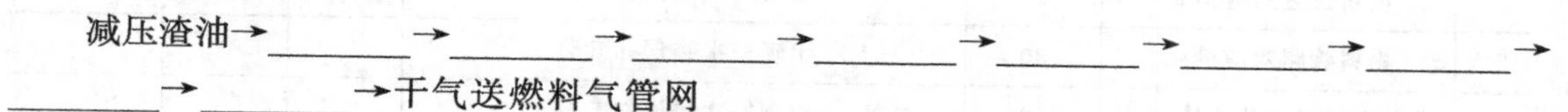

减压渣油→______→______→______→______→______→______→______→______→______→干气送燃料气管网

表 6-3 延迟焦化装置主要设备表

序号	设备种类	设备名称	设备主要作用
1	塔器		
2			
3			
4			
5			
6			
7			
8			
9			
10	加热炉		

活动 3：图 6-2 是延迟焦化装置总流程 DCS 图，在 A3 图纸上绘制图 6-2 工艺总流程 PID 图，学生互换 A3 图纸，在教师指导下根据“表 6-4 延迟焦化工艺总流程图评分标准”进行评分，标出错误，学生纠错。

表 6-4 延迟焦化工艺总流程图评分标准

序号	考核内容	考核要点	配分	评分标准	扣分	得分	备注
1	准备工作	工具、用具准备	5	工具携带不正确扣 5 分			
2	图纸评分	排布合理，图纸清晰	10	不合理、不清晰扣 10 分			
3		边框	5	格式不正确扣 5 分			
4		标题栏	5	格式不正确扣 5 分			
5		塔器类设备齐全	15	漏一项扣 5 分			
6		主要加热炉、冷换设备齐全	15	漏一项扣 5 分			
7		主要泵齐全	15	漏一项扣 5 分			
8		主要阀门齐全(包括调节阀)	15	漏一项扣 5 分			
9		管线	15	管线错误一条扣 5 分			
合 计			100				

活动 4：智能化模拟工厂——延迟焦化装置“摸”流程。根据图纸查找主要工艺设备，分小组对照工艺模型描述工艺流程（表述清楚设备名称、位置及作用，管路内物料及流向，设备内物料变化等）。在教师指导下根据“表 6-5 工艺流程描述评分标准”进行评分。

表 6-5 工艺流程描述评分标准

序号	考核要点	配分	评分标准	扣分	得分	备注
1	设备位置对应清楚	20	出现一次错误扣 5 分			
2	物料管路对应清晰	30	出现一次错误扣 5 分			
3	设备内物料变化能够描述	20	出现一次错误扣 5 分			
4	物料流动顺序描述清晰	20	出现一次错误扣 5 分			
5	其他	10	语言流畅，描述清晰			
合计		100				

课后巩固

1. 简述延迟焦化的特点。
2. 延迟焦化的原料有哪些？选择延迟焦化原料有哪些参考指标？
3. 焦化产品的分布和质量受______、______、______等因素影响。
4. 焦化产品有哪些？各有什么特点？
5. 延迟焦化装置由______、______、______和______几个部分组成。
6. 画出一炉两塔的焦化流程图，并简述工艺流程。

任务二
延迟焦化反应系统操作

1. 掌握延迟焦化工艺原理。
2. 掌握延迟焦化过程发生的主要反应类型。
3. 能分析影响延迟焦化的主要因素。
4. 掌握延迟焦化装置的主要设备及其作用。

延迟焦化是在高温和长反应时间条件下，进行深度的热裂化和缩合反应的热加工过程。延迟焦化过程中会发生哪些化学反应？会用到哪些典型设备？

一、裂解反应

热裂解反应是指烃类分子发生 C—C 键和 C—H 键的断裂，但 C—H 键的断裂要比 C—C 键断裂困难，因此，在热裂解条件下主要发生 C—C 键断裂，即大分子裂化为小分子反应。烃类的裂解反应是依照自由基反应机理进行的，并且是一个吸热反应过程。

1. 正构烷烃

各类烃中正构烷烃热稳定性最差，且分子量越大越不稳定。如在 425℃温度下裂化一小时，$C_{10}H_{22}$ 的转化率为 27.5%，而 $C_{32}H_{66}$ 的转化率则为 84.5%。大分子异构烷烃在加热条件下也可以发生 C—H 键的断裂反应，结果生成烯烃和氢气。这种 C—H 键断裂的反应在小分子烷烃中容易发生，随着分子量的增大，脱氢的倾向迅速降低。

2. 环烷烃

环烷烃的热稳定性较高，在高温（575～600℃）下五元环烷烃可裂解成为两个烯烃分子。除此之外，五元环的重要反应是脱氢反应，生成环戊烯。六元环烷烃的反应与五元环烷烃相似，唯脱氢较为困难，需要更高的温度。六元环烷烃的裂解产物有低分子的烷烃、烯烃、氢气及丁二烯。带长侧链的环烷烃，在加热条件下，首先是断侧链，然后才是断环。而且侧链越长，越易断裂，断下来的侧链反应与烷烃相似。多环环烷烃热分解，可生成烷烃、烯烃、环烯烃及环二烯烃，同时也可以逐步脱氢生成芳烃。

3. 芳烃

芳烃，特别是低分子芳烃，如苯及甲苯对热极为稳定。带侧链的芳烃主要是断侧链反应，即“去烷基化”，但反应温度较高。直侧链较支侧链不易断裂，而叔碳基侧链则较仲碳基侧链更容易脱去。侧链越长越易脱掉，而甲苯是不进行脱烷基反应的。侧链的脱氢反应，也只有在很高的温度下才能发生。

直馏原料中几乎没有烯烃存在，但其他烃类在热分解过程中都能生成烯烃，烯烃在加热条件下，可以发生裂解反应，其碳链断裂的位置一般发生在双键的 β 位上，其断裂规律与烷烃相似。

二、缩合反应

石油烃在热的作用下除进行分解反应外，还同时进行着缩合反应，所以使产品中存在相当数量的沸点高于原料油的大分子缩合物，以至焦炭。缩合反应主要是在芳烃及烯烃中进行。

芳烃缩合生成大分子芳烃及稠环芳烃，烯烃之间缩合生成大分子烷烃或烯烃，芳烃和烯烃缩合成大分子芳烃，缩合反应总趋势为：

芳烃、烯烃（烷烃→烯烃）→缩合产物→胶质、沥青质→炭青质

热加工过程包括减黏裂化、热裂化和焦化等多种工艺过程，其反应机理基本上是相同的，只是反应深度不同而异。

活动 1：根据知识积累及所查阅的资料，归纳延迟焦化中会发生的反应类型，完成表 6-6。

表 6-6　延迟焦化过程中发生的反应类型

反应类型	反应式(举例)

延迟焦化属于油品的热加工过程，所处理的原料是石油的重质馏分或重、残油等，它们的组成复杂，是各类烃和非烃的高度复杂混合物。在受热时，首先反应的是那些对热不稳定的烃类，随着反应的进一步加深，热稳定性较高的烃类也会进行反应。烃类在加热条件下的反应基本上可分为两个类型，即裂解与缩合（包括叠合）。裂解产生的较小分子为气体，缩合则朝着分子变大的方向进行，高度缩合的结果便产生胶质、沥青质乃至最后生成碳氢比很高的焦炭。

活动 2：图 6-3 是延迟焦化加热炉仿真 DCS 图，在 A3 图纸上绘制图 6-3 工艺流程简图，叙述工艺流程，并归纳加热炉的作用。

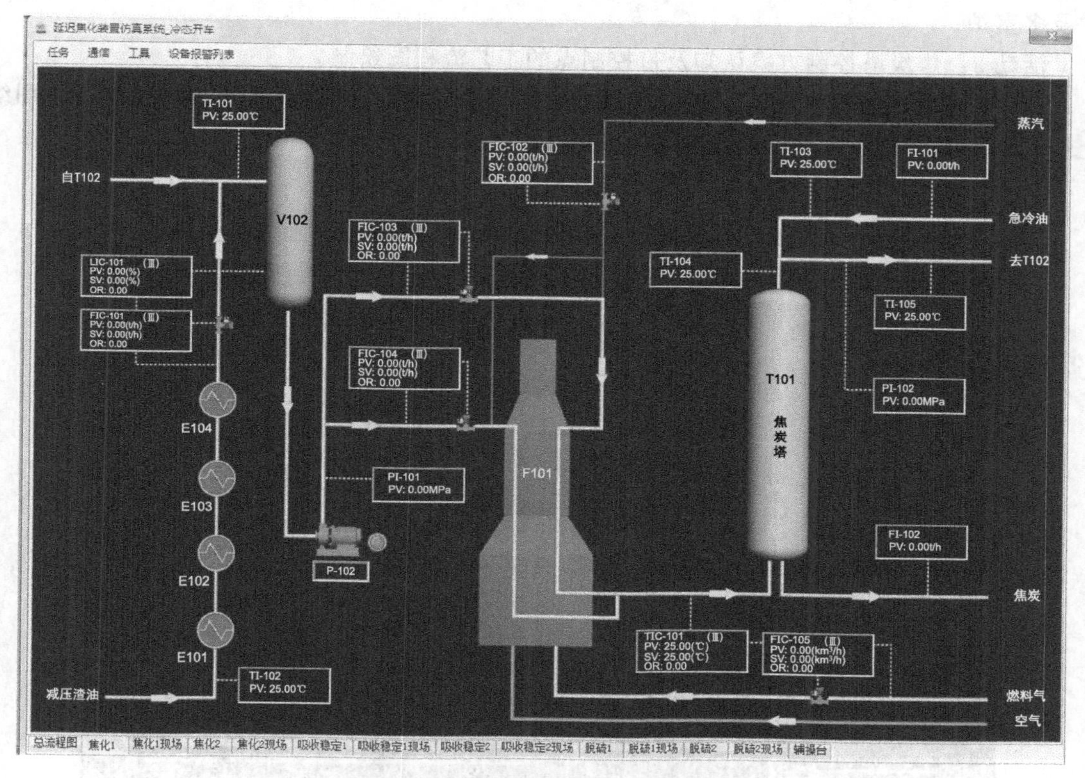

图 6-3　延迟焦化加热炉仿真 DCS 图

自常减压装置来的减压渣油（130℃）进装置后，送经原料-柴油及回流换热器（E101A～D）、原料-轻蜡油换热器（E102A，B）、原料-中段回流换热器（E103）、原料-重蜡油回流换热器（E104）换热后与焦化分馏塔塔底循环油混合后，335℃进入加热炉进料缓冲罐（V102），然后由加热炉进料泵（P102A，B）升压后进入加热炉（F101）对流室，经对流段加热到 430℃左右，进入辐射段。加热炉进料经加热炉辐射段加热至 500℃左右，出加热炉经过四通阀进入焦炭塔（T101）。

焦化加热炉是利用燃料燃烧放出的热量，通过炉管将炉内迅速流动的油品加热至 500℃左右高温的热力设备，是焦化装置的关键设备。加热炉工作主要包括两个同时进行的过程，其一是燃料在炉膛内燃烧后不断放出热量，燃烧产生的高温烟气通过热传导将热量传递给加热炉受热面，然后通过烟道由烟囱排出；其二是加热炉受热面将吸收的热量传递给受热面内的油品，使油品受热升温，通过控制调节，达到生产需要的温度后送往焦炭塔。因此，要求加热炉内有较高的传热速率以保证在短时间内给油提供足够的热量，同时要求提供均匀的热场，防止局部过热引起炉管结焦。为此，延迟焦化通常采用无焰炉。

焦化加热炉由辐射室、对流室、燃烧器、烟囱及烟气余热回收系统等几部分构成。辐射室为焦化加热炉的主要传热部位，其吸热量约为总吸热量的65%～75%，而在辐射室内约80%以上的热量是由热辐射来完成，其余部分是由高温烟气和炉管的对流传热来完成，因此良好的辐射炉管布置对均匀地吸收辐射热量是非常重要的。

按照辐射室形状，焦化加热炉可分为立式炉、箱式炉和阶梯炉；按照辐射管受热方式，焦化加热炉可分为单面辐射炉和双面辐射炉；按照辐射室内炉膛数量，可分为单室炉、双室炉及多室炉。

活动3：焦炭塔控制方案认知及带控制点的工艺流程图绘制。

图6-4是延迟焦化焦炭塔仿真DCS图，以小组为单位，交流叙述工艺流程，在A4图纸上绘制焦炭塔PID图，并讨论焦炭塔的作用。

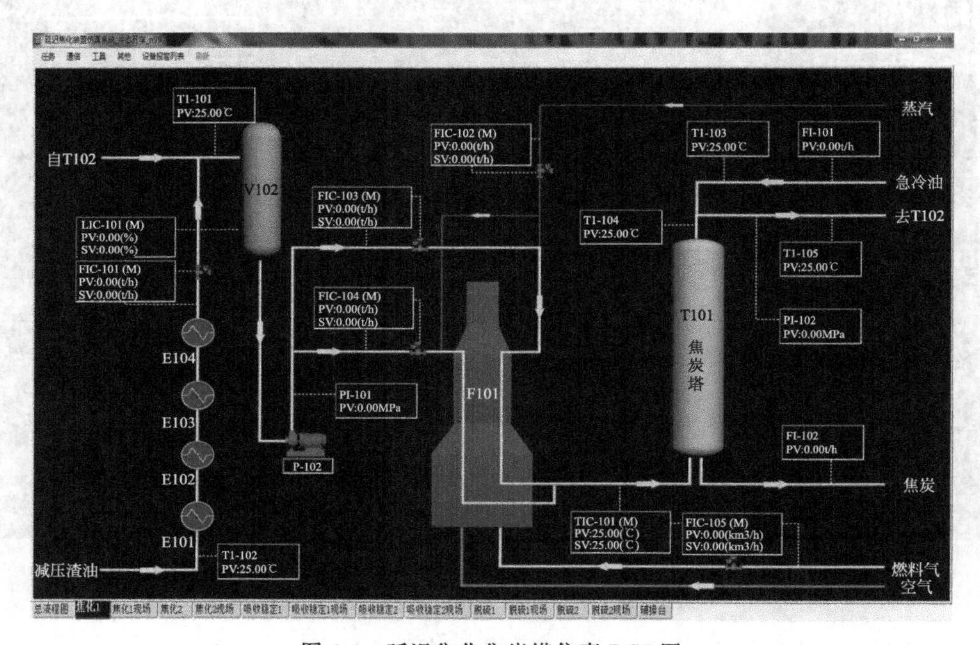

图6-4 延迟焦化焦炭塔仿真DCS图

高温进料在高温和长停留时间的条件下，在焦炭塔内进行一系列热裂解和缩合等反应，生成焦炭和高温油气。高温油气自焦炭塔塔顶至分馏塔下段，经过洗涤板从蒸发段上升进入集油箱以上分馏段，分馏出富气、汽油、柴油和蜡油馏分，焦炭聚集在焦炭塔内沉积生焦。

当焦炭塔内的焦炭聚结到一定高度时停止进料，进行切换，通过四通阀将原料切换到另一个焦炭塔内进行生焦。

切换后，原来的塔用1.0MPa蒸汽进行小吹汽，将塔内残留油气吹至分馏塔、保护中心孔，维持延续焦炭塔内的反应，然后再改为大吹汽。焦炭塔在大吹汽完毕后，由冷焦水泵抽冷焦水送至焦炭塔进行冷焦。当焦炭塔塔顶温度降至70℃以下，冷焦完毕，停冷焦水泵，塔内存水经放水线放净，塔内保证微正压，焦炭塔移交除焦班除焦。

除焦班以高压水（约 120MPa）将焦炭塔内焦炭清除出焦炭塔。除焦完毕，将空塔上好顶、底盖后，再对焦炭塔进行赶空气、蒸汽试压、预热。当焦炭塔塔底温度预热至 330℃左右，恒温约 1h，焦炭塔就可转入下一轮生焦生产。

1. 延迟焦化焦炭塔的结构

焦炭塔是一个直立圆柱壳式压力容器，是进行焦化反应的场所。一般焦炭塔的高度在 30m 以下为宜，太高则操作时易产生振动或损坏塔壁，又浪费钢材，焦炭塔结构示意图见图 6-5。

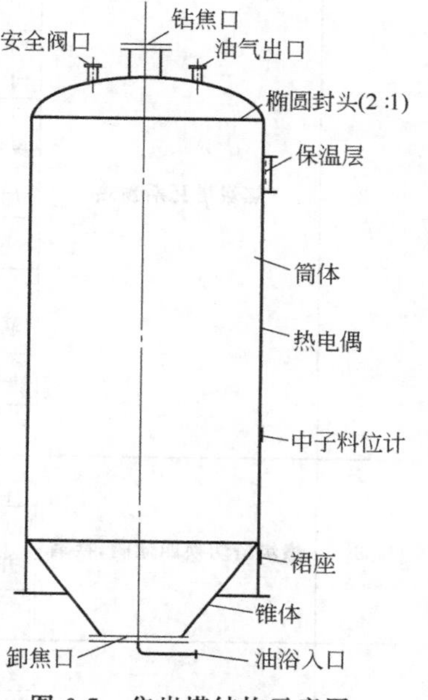

图 6-5　焦炭塔结构示意图

塔的顶部是球形或椭圆形封头，设有钻焦口、油气出口；塔侧设有料面指示计口，随着油料的不断引入，焦层逐渐升高，为了防止泡沫层冲出塔顶而引起后部管线和分馏塔的堵塞，在焦炭塔的不同高度位置，装有能监测焦炭高度的料位计；塔底部为锥形，锥体底端为卸焦口，正常生产时用法兰盖封死，排焦时打开。

2. 焦炭塔的除焦

焦炭塔一般是两台一组，每套延迟焦化装置中有的是一组，有的是两组。在每组塔中，一台塔在反应生焦时，另一台塔则处于除焦处理阶段。即当一台塔内焦炭积聚到一定高度时，进行切换，通过四通阀将原料油切换进另一个焦炭塔。原来的塔则用水蒸气汽提，再通入冷却水使焦炭冷却到 70℃左右，开始除焦。

除焦采用高压水，高压水压力达 14.8～35MPa。压力值取决于塔径的大小，除下的焦炭落入焦池，同时用桥式起重抓斗经皮带输送到别处存放或装车外运。装置所产生的气体和汽油，分别用气体压缩机和泵送入稳定吸收系统进行分离，得到干气及液化气，并使汽油的蒸气压合格。柴油需要加氢精制，蜡油可作为催化裂化及加氢裂化原料或燃料油。

除焦原理：由高压水泵输送的高压水，经过水龙带、钻杆到水力切焦器的喷嘴，从水力切焦器喷嘴喷出形成高压射流，借高压射流的强大冲击力将石油焦切割下来，使之与水一起由塔底流出。

活动 4：焦炭塔操作。

焦炭塔操作注意事项列于表 6-7。

表 6-7　焦炭塔的操作注意事项

序号	操作	注意事项
1	焦炭塔新塔赶空气、试压	检查新塔上、下塔盖和进料法兰是否上紧
		打开呼吸阀，改好吹汽流程：新塔底→新塔顶→呼吸阀排空
		蒸汽脱好水后，缓慢打开小给汽阀，赶新塔内空气，见汽后继续吹扫 15～20min
		新塔内空气赶尽后，关闭呼吸阀，进行新塔试压，压力为 0.22MPa
		给汽达到试验压力后，关闭给汽阀，进行管线、上下塔盖法兰检查
		试压完成后，进行排汽脱水，撤压时应缓慢泄压，泄压速度不大于 0.1MPa/h
		水放净后，关闭放水阀，维持塔内微正压

续表

序号	操作	注意事项
2	焦炭塔瓦斯预热	检查确认新塔内存水已放净
		缓慢打开新塔去分馏塔的大油气线阀，将老塔油气引入新塔
		引入油气后，逐渐开大去新塔的油气隔断阀，但必须注意老塔压力下降不大于0.02MPa
		待新塔压力接近老塔压力并不再上升后，全开新塔油气隔断阀，瓦斯引入甩油罐
		瓦斯循环预热时，应保持分馏塔油气入口温度≥400℃，分馏塔塔底温度≥320℃，加热炉不超负荷
		缓慢关小焦炭塔塔顶油气去分馏塔的总阀，但是要密切注意两塔压力变化
		油气循环过程中，应注意检查新塔顶、底盖和进料线法兰有无泄漏，需要时应及时联系热紧处理
		循环预热后，注意甩油罐液面，见液面至10%后，及时甩油去污油罐
		换塔前1h，新塔顶温度达到380℃以上，塔底温度达330℃以上
3	焦炭塔切换四通阀，换塔	确认新塔底部油甩净后，由班长通知其他岗位操作员，配合换塔
		全开大油气线总阀，确认塔底无油后，立即关第一道甩油阀，全开新塔底部进料阀，并用短节吹扫蒸汽试通
		切换成功后，停注老塔急冷油
4	焦炭塔老塔处理	小量吹汽
		大量吹汽
		给水冷焦
		放水
5	除焦	水放净后，向除焦班交清老塔情况
		卸顶底盖，准备除焦。除焦完毕后，用蒸汽吹扫老塔进料线

1. 烃类在加热条件下的反应基本上可分为两个类型，即______与______。
2. 各类烃中______热稳定性最差，且分子量越______越不稳定。
3. 延迟焦化中，缩合反应主要是在______及______中进行。
4. 简述延迟焦化过程的影响因素。
5. 延迟焦化过程的主要设备是______和______。
6. 简述焦炭塔的结构和作用。
7. 辐射室内的传热过程以______为主。
8. 对流室内的传热过程以______为主。
9. 简述焦炭塔除焦的原理。

任务三 分馏塔操作

1. 掌握延迟焦化分馏塔的作用。
2. 熟悉分馏塔的结构。
3. 能叙述延迟焦化分馏操作的工艺流程。

焦炭塔塔顶来的高温油气是复杂的混合物，在工业生产中需要按其组分的相对挥发度不同分割成富气、汽油、柴油、蜡油及部分循环油等馏分，那么，这种分离过程是如何实现的？需要用到什么设备？

一、延迟焦化分馏塔的作用

焦化分馏塔具有分馏和换热两个作用，分馏作用是把焦炭塔塔顶来的高温油气，按其组分挥发度的不同，切割成不同沸点范围的富气、汽油、柴油、蜡油、重蜡油及部分循环油等馏分，并保证各产品的质量合格，达到规定的质量指标要求；换热作用是让原料油在塔底与焦炭塔来的高温油气进行换热，提高全装置的热效率。

二、延迟焦化分馏塔的结构和特点

焦化分馏塔和炼油厂催化裂化、加氢裂化等的分馏塔作用基本相同，差别是焦化原料油是从塔洗涤段的下部进入塔内，进料在塔底和洗涤油混合被预热，并将来自焦炭塔的油气中的焦粉通过洗涤油洗涤出去，塔底通常作为焦化装置新鲜原料的缓冲罐，对于防止塔底结焦和焦粉携带有较高的要求。典型的焦化分馏塔结构见图 6-6。

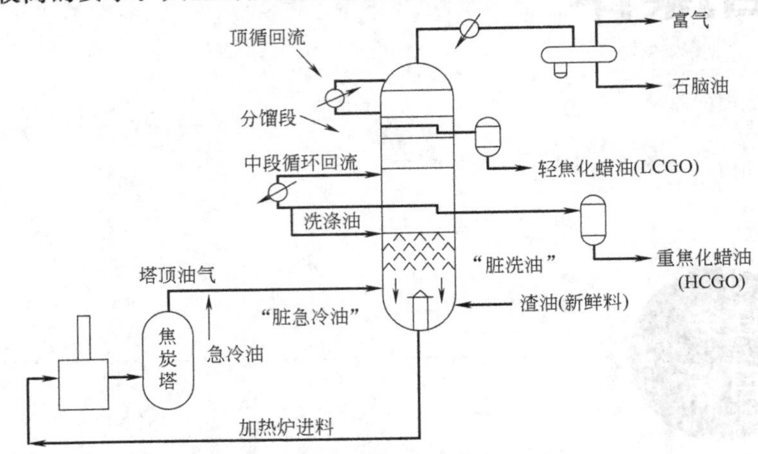

图 6-6　焦化分馏塔结构示意图

活动 1：查阅相关资料，总结延迟焦化分馏塔与一般油品分馏塔的异同点，完成表 6-8。

表 6-8　延迟焦化分馏塔与一般油品分馏塔的异同点

序号	相同点	不同点
1		
2		
3		
4		
5		
6		

与一般油品分馏塔比较，焦化分馏塔主要有以下特点：

（1）焦化分馏塔有脱过热段和洗涤粉尘的循环油换热段。焦化分馏塔的进料是高温的，带有焦炭粉尘的过热油气。因此在塔底设循环油回流以冷却过热油气并洗涤焦粉。

（2）全塔余热量大。焦化分馏塔的进料是 420℃左右的高温过热油气。因此，在满足分离要求的前提下，尽量减少顶部回流的取热量，增加温度较高的蜡油循环油及中段循环回流的取热量，以便于充分利用高能位热量换热和发生蒸汽。

（3）系统压降要求小。为提高气压机入口压力、降低气压机的能耗、提高气压机处理能力，应尽量减少分馏系统的压降、各塔盘的压降、分馏塔塔顶油气管线和冷凝冷却器以及从油气分离器到气压机入口的压降。

（4）有吸收油流程。在吸收稳定系统中要用柴油馏分，在再吸收塔内对吸收塔塔顶的贫气进行吸收，以减少随干气带走的汽油量。吸收后的富吸收油再返回分馏塔。

（5）塔的底部是换热段，新鲜原料与高温油气在此进行换热，同时也起到把油气中携带的焦粉淋洗下来的作用。

活动2：图6-7是延迟焦化分馏塔仿真DCS图，根据此图在A4图纸上绘制分馏塔PID图，并叙述工艺流程。

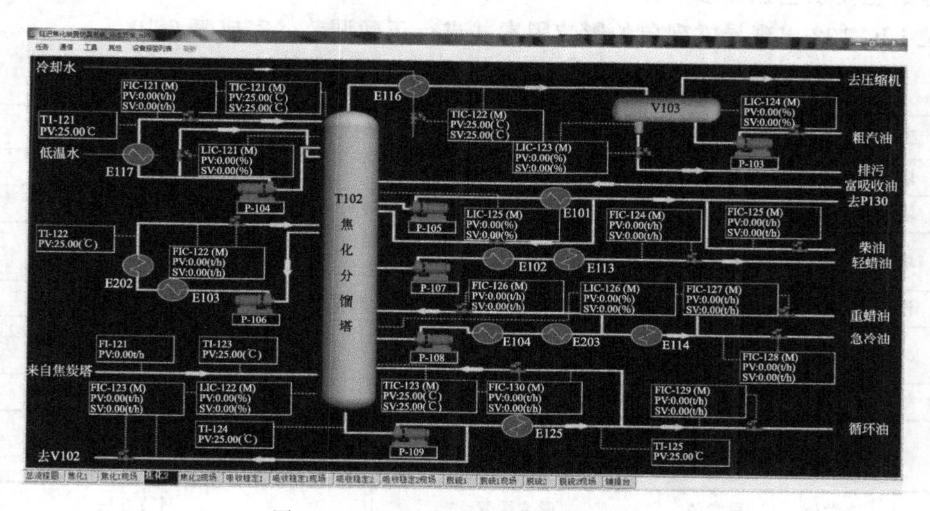

图6-7　延迟焦化分馏塔仿真DCS图

循环油自塔底抽出，经泵（P109A，B）升压后分为两路，一路返回原料油进料线与渣油混合后做辐射进料，另一路经循环油蒸气发生器（E125）换热后作为冷洗油返回焦化分馏塔人字塔板上部和塔底部。

重蜡油从蜡油集油箱中由重蜡油泵（P108A，B）抽出，经换热器（E104）、稳定塔底重沸器（E203）换热后分为两部分，一部分重蜡油回流返回分馏塔；另一部分重蜡油经过低温水-重蜡油换热器（E114A，B）换热到80℃后再分为两路，一路作为急冷油与焦炭塔塔顶油气混合，另一路重蜡油出装置。

轻蜡油自分馏塔进入轻蜡油汽提塔（T103），塔顶油气返回焦化分馏塔，塔底油由轻蜡油泵（P107A，B）抽出，经换热器（E102A，B）、低温水-轻蜡油换热器（E113A，B）换热到80℃左右后出装置。

中段回流经中段回流泵（P106A，B）抽出，通过换热器（E103）、解吸塔塔底重沸器（E202）后，返回分馏塔。

柴油由柴油泵（P105A，B）抽出后，经换热器（E101A～D）换热至170℃后分为两部分，一部分作为内回流返回分馏塔；另一部分经过富吸收油-柴油换热器（E107）、低温水-柴油换热器（E112A，B）和柴油空冷器（E119A～D）冷却到60℃后分为两路。一路柴油出装置，另一路经柴油吸收剂泵（P130A，B）升压后再经柴油吸收剂冷却器（E118）冷却到40℃，作为吸收剂进入再吸收塔（T203）。

分馏塔塔顶循环回流由塔顶循环回流泵（P104A，B）抽出，一部分作为内回流返回分馏塔，另一部分经低温水-顶循环换热器（E117A，B）冷却至99℃后返塔顶层。

分馏塔塔顶油气（119℃）经过分馏塔塔顶后冷器（E116A～D）冷却到40℃后，进入分馏塔塔顶油气分离罐（V103），分离出粗汽油、富气和含硫污水。粗汽油由汽油泵（P103A，B）抽出送至吸收塔（T201），富气去富气压缩机（C501）升压，经混合富气冷凝器（E206A～D）进入进料平衡罐（V201）。V201和V103所产生的含硫污水出装置。

活动3：分馏塔操作。

登录延迟焦化装置仿真操作系统，进入分馏塔正常操作界面，进行参数的正常调节，分馏塔操作的主要工艺控制参数见表6-9；分析分馏塔加热炉出口温度TIC-101和焦化分馏塔塔底液位LIC-122出现异常现象的影响因素并进行正确调节，完成表6-10。

表6-9　分馏塔操作的主要工艺控制参数

序号	工艺参数	控制原则
1	塔顶温度	塔顶温度主要靠调节塔顶循环流量来控制
2	塔底温度	一般塔底温度的控制是利用原料进料量控制来实现
3	塔底液面	分馏塔塔底液面是保证加热炉进料泵抽出量的需要，也是焦化分馏塔操作的关键。塔底液面过低，容易造成泵抽空；塔底液面过高会淹没油气进料口，使系统憋压
4	汽油干点	塔顶温度是根据汽油干点指标来控制的，一般情况下，塔顶温度高，汽油干点也高
5	柴油干点	柴油干点高低与中段回流量的大小有关。正常操作中，柴油干点主要是用调节中段回流量来控制的
6	蜡油残炭	通过平稳蜡油的抽出量，调整好循环比以及控制工艺过程温度

表6-10　分馏塔变量影响因素及调节方法

位号	正常值	异常值	影响因素	调节方法
TIC-101	500℃	600℃		
LIC-122	50%	30%		

1. 延迟焦化分馏塔的工艺特点有哪些？
2. 分馏塔塔顶温度的影响因素有哪些？
3. 如何调节分馏塔塔顶温度？
4. 分馏塔塔底温度如何控制？
5. 分馏塔液面如何控制？

任务四
延迟焦化装置仿真操作

1. 熟悉延迟焦化装置工艺流程及相关流量、压力、温度等控制方法。
2. 能进行仿真软件的冷态开车、正常停车、紧急停车及事故处理操作。

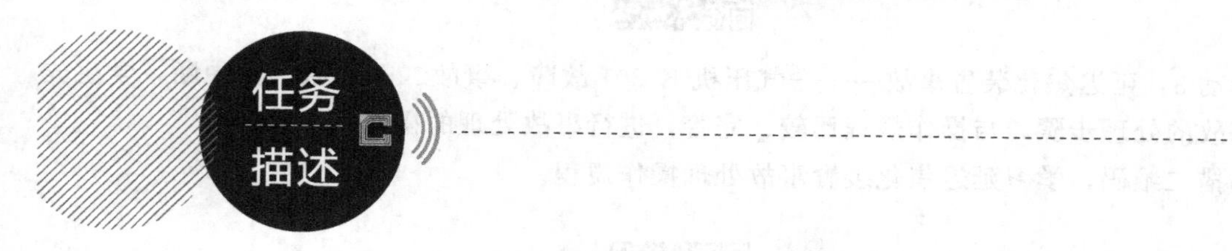

延迟焦化过程的工艺操作参数主要包括温度、液面、压力，通过对延迟焦化装置的开车、停车、故障处理的操作，进一步提高分析处理异常现象的能力。

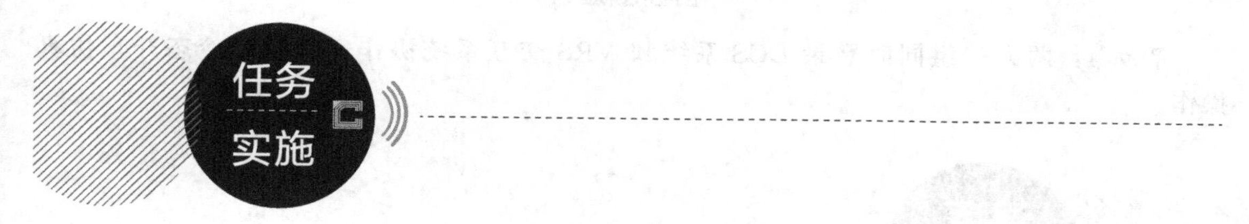

延迟焦化装置操作主要包括冷态开车、正常停车、紧急停车、故障处理四个部分，在每一部分操作的过程中主要对温度、液面、压力三个工艺参数进行调节。

活动 1：根据操作规程进行 DCS 仿真系统的冷态开车操作，分析和处理操作过程中出现的异常现象，做好记录。

冷态开车操作主要为以下五个过程。

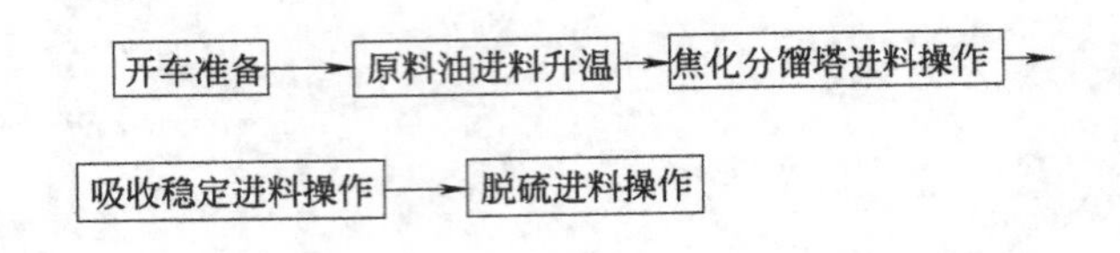

扫描二维码，学习冷态开车操作规程。

活动 2：根据操作规程进行 DCS 仿真系统的停车操作，分析和处理操作过程中出现的异常现象，做好记录。

正常停车操作主要为以下 4 个过程。

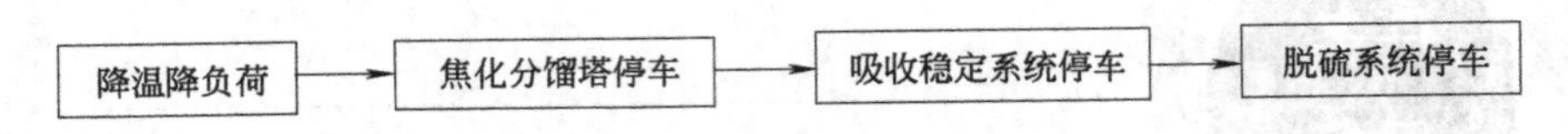

扫描二维码，学习正常停车操作规程。

活动 3：延迟焦化装置事故一——气压机 K-201 故障、事故二——粗汽油中断，学生先写出事故的处理步骤，与操作规程比较、完善，进行事故处理的操作。

扫描二维码，学习延迟焦化装置事故处理操作规程。

活动 4：两人一组同时登录 DCS 系统和 VRS 交互系统协作完成装置冷态开车仿真操作。

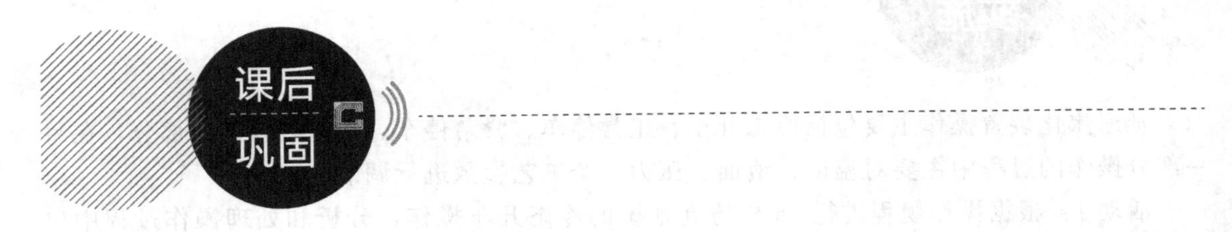

归纳总结操作过程出现异常现象的原因，找出调节方法。

拓展阅读

信念之光在延迟焦化装置闪耀——邓遵安

邓遵安，湖北省安陆市人，中共党员，高级工程师，1989年毕业于兰州石化职业技术学院石油加工专业，现任中石油云南石化公司延迟焦化装置主任工程师。

作为焦化装置主任，邓遵安面对装置生产中出现的多项技术难题，他迎难而上，完成了汽油和柴油共同加氢改质装置的工艺改造任务，解决了因焦化汽油导致中间罐区气味大问题，多次在实践中解决了两个反冲洗过滤器运行故障问题。2018年，邓遵安负责协调指挥延迟焦化装置投料试车、开工投产、改造优化、停工小检修等过程，在邓遵安和同事们的努力下，焦化装置加工量逐步提高、质量指标稳步提升、生产低硫焦、加工伊重油、多次成功技改、生产受控、设备节能优化、精细化管理明显进步。2018年初，焦化原料按照比例进行试生产，他依照每次提高5t的比例逐步提高脱硫渣油的掺炼量，同时降低减压渣油量，逐步过渡生产比例，提高反应压力、反应温度，降低循环比，减小了操作难度，丰富了石油焦品种，挖掘了装置潜能，创造了良好效益。

参考文献

[1] 李萍萍. 石油加工装置虚拟仿真操作. 北京：化学工业出版社，2018.
[2] 李萍萍，李勇. 石油加工生产技术. 北京：化学工业出版社，2014.
[3] 张远新，杨兴锴. 燃料油生产工技能鉴定培训教程. 北京：中国石化出版社，2010.
[4] 严世成，张艳蓓. 石油加工技术——汽油加氢、柴油加氢、烷基化. 北京：化学工业出版社，2020.
[5] 刘立新，刘士伟. 石油加工技术——原油蒸馏、催化裂化. 北京：化学工业出版社，2020.
[6] 陈月，刘洪宇. 石油加工生产过程操作. 北京：化学工业出版社，2019.
[7] 李会鹏，黄玮，李宁，等. 石油加工实物仿真实践指南. 北京：中国石化出版社，2017.
[8] 陈长生. 石油加工生产技术. 北京：高等教育出版社，2007.
[9] 徐春明，杨朝合. 石油炼制工程. 4 版. 北京：石油工业出版社，2009.
[10] 郑哲奎，温守东. 汽柴油生产技术. 北京：化学工业出版社，2012.
[11] 王雷. 炼油工艺学. 北京：中国石化出版社，2011.
[12] 沈本贤. 石油炼制工艺学. 北京：石油工业出版社，2009.
[13] 付梅莉，于月明，刘振和. 石油加工生产技术. 北京：石油工业出版社，2009.
[14] 李淑培. 石油加工工艺学. 北京：中国石化出版社，2007.